编委会

国家高技能人才
培训教程

机械装配与检测技术
一体化实训教程

JIXIE ZHUANGPEI YU JIANCE JISHU
YITIHUA SHIXUN JIAOCHENG

主　编　李云海
副主编　唐红斌　黄维俊

云南大学出版社
YUNNAN UNIVERSITY PRESS

图书在版编目（CIP）数据

机械装配与检测技术一体化实训教程 / 李云海主编
. -- 昆明 : 云南大学出版社 , 2020
国家高技能人才培训教程
ISBN 978-7-5482-4147-8

Ⅰ.①机… Ⅱ.①李… Ⅲ.①装配 (机械) —高等职业
教育—教材②机械设备—检测—高等职业教育—教材
Ⅳ.① TH163 ② TH17

中国版本图书馆 CIP 数据核字 (2020) 第 192400 号

策　　划：朱　军　孙吟峰
责任编辑：张　松
装帧设计：王婳一

国家高技能人才培训教程

机械装配与检测技术
一体化实训教程

主　编　李云海
副主编　唐红斌　黄维俊

出版发行：云南大学出版社
印　　装：昆明理煋印务有限公司
开　　本：787mm×1092mm　1/16
印　　张：14.5
字　　数：318 千
版　　次：2020 年 11 月第 1 版
印　　次：2020 年 11 月第 1 次印刷
书　　号：ISBN 978-7-5482-4147-8
定　　价：55.00 元

社　　址：云南省昆明市翠湖北路 2 号云南大学英华园内（650091）
电　　话：（0871）65033307　65033244
网　　址：http://www.ynup.com
E - mail：market@ynup.com

若发现本书有印装质量问题，请与印厂联系调换，联系电话：0871-64167045。

前　言

根据《国家中长期教育和发展规划纲要（2010—2020 年）》的指导精神和人社部《关于扩大技工院校一体化课程教学改革试点工作的通知》（人社职司便函〔2012〕8 号）；根据人社部《技工院校一体化课程教学改革试点工作方案》（人社厅发 [2009]86 号）、《关于大力推进技工院校改革发展的意见》（人社部发 [2010]57 号）精神，围绕国家新型工业化和地方产业结构调整对技能人才的要求，坚持"市场引导就业、就业指导办学、品牌稳定规模、办学服务社会的办学方针，遵循校企双制、工学一体、多元办学、特色立校"的办学理念，我校加大教学改革力度，建立以职业活动为导向、以校企合作为基础、以综合职业能力培养为核心，理论教学与技能操作融合贯通的课程体系，提高技能人才培养质量。以国家"高技能人才培训基地"建设为契机，深化技工教育人才培养模式改革，加快"工学一体"的内涵建设，加快一体化师资队伍建设，加快校内外一体化实习基地建设，加快高水平示范性国家级技师学院建设，为经济发展、科技创新、社会进步作出新贡献。为了更好地适应技工院校教学改革的发展要求，我们集中了长期在教学一线的钳工、机修实训一体化教师和企业专家，历经 2 年多编写了本教材。

在本次编写过程中，我们在编写委员会的指导下，积极开展讨论，认真总结教学和实践工作中的宝贵经验，听取了企业专家的意见和建议，进行了职业能力分析，以国家职业标准为依据，以综合职业能力培养为目标，以典型工作任务为载体，以学生为中心进行编写，根据典型工作任务和工作过程设计课程体系和内容，按照工作过程和学生自主学习的要求设计教学并安排教学活动，实现理论教学与实践教学融通合一、能力培养与工作岗位无缝对接、实训与顶岗有机统一，真正做到了"教、学、做"融为一体。

编　者

2020 年 5 月

目 录

典型工作任务一 安全教育及"7S"管理

◇**学习目标**◇

1. 要求学生牢记安全第一原则。
2. 要求学生熟记"7S"管理的内容及意义。
3. 提高学生职业素养，养成安全、文明作业的良好习惯。

◇**工作流程与活动**◇

学习活动1 安全知识应知应会（4学时）
学习活动2 "7S"管理的内容和意义（4学时）

◇**学习任务描述**◇

学生在接受安全教育及进行"7S"管理学习后，能够牢记和遵守实训时的安全管理条例和规章制度。在实训作业时，能以整理、整顿、清扫、清洁、素养、安全和节约为基础点，完成相应的实训作业，从而提高职业素养，养成安全文明作业的良好习惯。

◇**任务评价**◇

序号	学习活动	评价内容				占比
		活动成果（50%）	参与度（20%）	劳动纪律（20%）	工作效率（10%）	
1	安全知识应知应会	对应知识掌握情况	活动记录	教学日志	完成时间	50%
2	"7S"管理的内容和意义	对应知识掌握情况	活动记录	教学日志	完成时间	50%
总计						100%

学习活动 1　安全知识应知应会

◇学习目标◇

1. 了解实训安全教育的意义。
2. 掌握实训安全常识。
3. 掌握应急处理常识。

◇学习过程◇

一、学习准备

实训安全承诺书、实训车间安全管理制度。

二、学习内容

1. 学习实训车间安全管理制度。
2. 签订实训安全承诺书。

三、引导问题（个人总结、分组讨论）

1. 讨论为什么会发生安全事故。

2. 简述安全的出发点是什么。

3. 实训时要注意哪些安全要素？

4. 发生事故后要怎样应急处理？

5. 根据小组成员的特点完成下表。

小组成员名单	个人总结	备注

6. 小组讨论记录。

◇**温馨提示**◇

小组记录需要：记录人、主持人、日期、内容等要素。

◇**知识链接**◇

一、为什么会发生安全事故

安全事故和伤害是设备、机械、原材料和作业环境等"物"的方面与"人"的方面在相互接触中发生的。物的危险因素称为不安全状态，人的危险因素称为不安全行为。当物处于不安全状态、人处于不安全行为时，就可能发生安全事故和伤害。

二、安全的出发点

安全意识始于我们对生命价值的重视和对生命脆弱的认识，是确保我们每天安全作业的出发点。有了安全意识，才能做到不伤害自己、不伤害他人和不被他人伤害，才能达到安全作业的目的。

学习活动 2 "7S" 管理的内容和意义

◇学习目标◇

1. 掌握"7S"管理的内容和意义。
2. 提高职业素养，养成安全文明作业的良好习惯。

◇学习过程◇

一、学习准备

"7S"管理制度。

二、学习内容

学习"7S"管理制度。

三、引导问题（个人总结、分组讨论）

1. 为什么要执行"7S"管理?

2. 如何实行"7S"管理?

3. 实行"7S"管理对你有什么好处?

4. 根据小组成员的特点，完成下表。

小组成员名单	个人总结	备注

5. 小组讨论记录。

◇ **温馨提示** ◇

小组记录需要：记录人、主持人、日期、内容等要素。

◇ **知识链接** ◇

一、"7S"管理的来源

"7S"现场管理法简称"7S"。"7S"是整理（seiri）、整顿（seiton）、清扫（seiso）、清洁（seiketsu）、素养（shitsuke）、安全（safety）和节约/速度（saving/speed）这7个词的缩写。因为这7个词日语和英文的第一个字母都是"S"，所以简称"7S"。开展以整理、整顿、清扫、清洁、素养、安全和节约为内容的活动，称为"7S"活动。"7S"活动起源于日本，并在日本企业中广泛推行。"7S"活动针对的对象是现场的"环境"。"7S"活动的核心和精髓是素养，如果没有职工队伍素养的相应提高，"7S"活动就难以开展和坚持下去。

二、"7S"管理的分步目的

整理的目的：增加实训场所作业面积，保持物流畅通，防止物品误用等。

整顿的目的：使实训场所整洁明了、一目了然，减少工、量具、物品等的取放时间，提高工作效率，保持井井有条的工作秩序。

清扫的目的：创建一个干净整洁、舒适的实训环境。

清洁的目的：使整理、整顿和清扫工作成为一种惯例和制度，是标准化的基础，也是实训车间文化形成的开始。

素养的目的：让同学们成为一个遵守规章制度，具有良好工作习惯的人。

安全的目的：保障同学们的人身安全，杜绝安全事故的发生。

节约的目的：使同学们养成勤俭节约的良好习惯。

典型工作任务二 钳工的基本操作

◇学习目标◇

1. 掌握游标卡尺、外径千分尺、游标万能角度尺、百分表的结构、刻线原理及读数方法。
2. 掌握划线、锉削、锯削、孔加工、攻螺纹和套螺纹的操作方法和注意事项。

◇工作流程与活动◇

学习活动 1 钳工基本量具的使用（10 学时）
学习活动 2 划线、锯削、锉削（20 学时）
学习活动 3 孔加工、螺纹加工（10 学时）
学习活动 4 配合件制作（20 学时）

◇学习任务描述◇

通过对钳工常用量具（如游标卡尺、外径千分尺、游标万能角度尺、百分表）进行划线、锯削、锉削、孔加工、螺纹加工等操作，使学生掌握钳工常用量具的使用方法及钳工基本操作的基本技能，为进一步学习其他机械知识打下坚实的基础。

◇任务评价◇

序号	学习活动	评价内容					占比
		活动成果 （40%）	参与度 （10%）	安全生产 （20%）	劳动纪律 （20%）	工作效率 （10%）	
1	钳工基本量具的使用	会正确使用量具和正确读数	活动记录	工作记录	教学日志	完成时间	25%
2	划线、锯削、锉削	锯削、锉削训练工件	活动记录	工作记录	教学日志	完成时间	25%

续表

序号	学习活动	评价内容					占比
		活动成果 （40%）	参与度 （10%）	安全生产 （20%）	劳动纪律 （20%）	工作效率 （10%）	
3	孔加工、螺纹加工	孔加工训练工件	活动记录	工作记录	教学日志	完成时间	25%
4	配合件制作	配合件	活动记录	工作记录	教学日志	完成时间	25%
总计							100%

学习活动 1　钳工基本量具的使用

◇学习目标◇

1. 掌握游标卡尺的结构、刻线原理及读数方法。
2. 掌握外径千分尺的结构、刻线原理及读数方法。
3. 掌握游标万能尺的结构、刻线原理及读数方法。
4. 掌握百分表的结构、刻线原理及使用方法。

◇学习过程◇

一、学习准备

《钳工工艺学》教材、游标卡尺、外径千分尺、游标万能角度尺、百分表。

二、引导问题

1. 写出下列图片的名称及作用。

图片	名称	作用

续表

图片	名称	作用

2．写出游精度为 0.02 mm 游标卡尺的刻线原理并试述其读数方法。

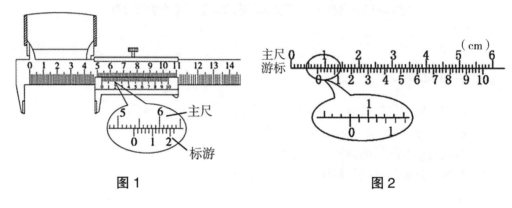

图1　　　　　　　　　　　　图2

3．读出下图所示游标卡尺的读数。

图 1 读数为_____；图 2 读数为_____。

4．写出外径千分尺的刻线原理，并试述其读数方法。

5．读出下图所示外径千分尺的读数。

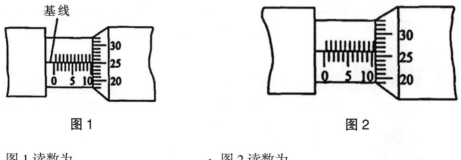

图1　　　　　　　　　　　　图2

图 1 读数为_____；图 2 读数为_____。

6. 写出游标万能角度尺的刻线原理，并试述其读数方法。

7. 读出下图所示游标万能角度尺的读数。

此刻度对齐

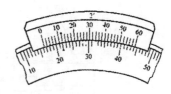

图1　　　　　　　　　　图2　　　　　　　　　　图3

图 1 读数为_____；图 2 读数为_____；图 3 读数为_____。

8. 根据分析，安排工作进度。

序号	开始时间	结束时间	工作内容	工作要求	备注

9. 根据小组成员的特点，完成下表。

小组成员名单	成员特点	小组中的分工	备注

10. 小组讨论记录。

◇**温馨提示**◇

小组记录需要：记录人、主持人、日期、内容等要素。

◇知识链接◇

一、游标卡尺

1. 游标卡尺的结构（见图 2-1 所示）

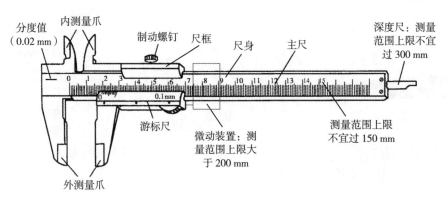

图 2-1　游标卡尺的结构

2. 游标卡尺的刻线原理

如图 2-2 所示：精度为 0.02 mm 的游标卡尺的主尺上每小格为 1 mm，当两量爪合拢时，主尺上 49 mm 处刚好等于游标尺上的 50 格。因此，游标卡尺上每格的刻度值为 49÷50=0.98 mm，主尺与游标卡尺每格相差 1-0.98=0.02 mm。

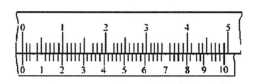

图 2-2　游标卡尺的刻线原理

3. 游标卡尺的读数方法

（1）读整数：在主标尺上读出位于游标卡尺零线左边最接近的整数值；

（2）读小数：用游标卡尺上与主标尺刻线对齐的刻线格数，乘以游标卡尺的分度值，读出小数部分；

（3）求和：将两项读数值相加，即为被测尺寸数值。

4. 游标卡尺读数注意事项

（1）使用前，要检查游标卡尺量爪和量刃口是否平直、无损，两量爪贴合时有无漏光现象，尺身和游标的"0"线是否对齐。

（2）测量时，应正确摆放好游标卡尺的测量位置和姿势。

（3）读数时，游标卡尺置于水平位置，视线垂直于刻线表面，避免视线歪斜造成读数误差。

（4）使用完毕后，要擦净游标卡尺并上防锈油，放在专用盒内保存。

二、外径千分尺

1. 外径千分尺的结构

外径千分尺由尺架、固定测砧、测微螺杆、固定套管、微分筒、测力装置和锁紧装置等组成，如图2-3所示。

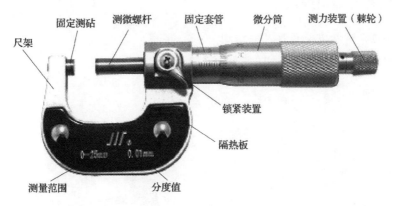

图2-3　外径千分尺

2. 外径千分尺刻线原理

如图2-4所示，外径千分尺测微螺杆上螺纹的螺距为0.5 mm，当微分套筒转动1周时，测微螺杆就会推进或退出0.5 mm。微分套筒圆周上共刻有50等份的小格，因此，当它转过1格（1/50周）时，测微螺杆推进或退出的数值为：0.5 mm×（1/50）=0.01 mm

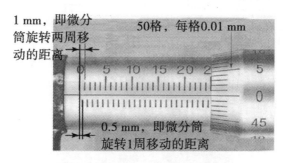

图2-4　外径千分尺刻线原理

3. 外径千分尺读数方法

①读出刻度套管上的尺寸，即刻度套管上露出刻线的尺寸（注意：不可漏掉应该读的0.5 mm的刻线值）。②读出微分套筒上的尺寸，先要看清微分套筒圆周上的哪一格与刻度套管的水平基准线对齐，再将格数乘以0.01 mm，即得出微分套筒上的尺寸。③将上面两个数相加，即为外径千分尺测得的尺寸。

4．外径千分尺读数注意事项

①测量前，要去除被测工件的毛刺，将工件擦拭干净。外径千分尺使用前应校对零位。②测量时，外径千分尺要放正。先转动微分套筒，使测微螺杆端面逐渐接近工件被测表面，再转动棘轮，直到棘轮打滑并发出"咔嚓"声，然后读出测量尺寸值。③测量后，如暂时需要保留尺寸，可通过外径千分尺的锁紧装置锁紧，并轻轻取下外径千分尺。

三、游标万能角度尺

1．0°~320°游标万能角度尺的结构

0°~320°游标万能角度尺的结构如图2-5所示。

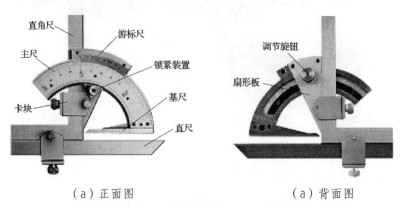

（a）正面图　　　　　　　　　（a）背面图

图2-5　游标万能角度尺的结构

2．0°~320°游标万能角度尺的刻线原理

如图2-6所示，分度值为2′的万能角度尺的标记原理是：主标尺每格标记的弧长对应的角度为1°，游标尺标记是将主标尺上29°所占的弧长等分为30格，每格所对的角度为29°/30，因此游标尺1格与主标尺1格相差：

$$1° - \frac{29°}{30} = \frac{1°}{30} = 2′$$

游标"0"标记与主　　　　　　　　　　　　　游标"尾"标记与主
尺"0"标记对齐　　　　　　　　　　　　　尺"29°"标记对齐

图2-6　0°~320°游标万能角度尺的刻线原理

3. 游标万能角度尺的读数方法

游标万能角度尺的读数方法与游标卡尺的读数方法相似，即先从尺身上读出游标"0"线左边的刻度整数，然后在游标尺上读出分数的数值（格数 ×2′），两者相加就是被测量工件的角度数值。

4. 游标万能角度尺读数注意事项

（1）根据测量工件的不同角度，正确选用钢直尺和90°角尺。

（2）使用前要检查尺身和游标的"0"线是否对齐，基尺和直尺是否漏光。

（3）测量时，工件应与角度尺的两个测量面全长良好接触，以减小误差。

四、百分表

1. 百分表的结构（见图 2-7）

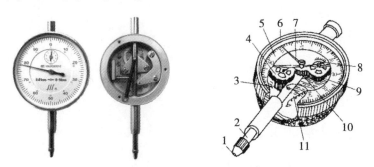

1—测头；2—测杆；3—小齿轮（$z=16$）；4、9—大齿轮（$z=100$）；5—度盘；
6—表圈；7—长指针；8—转数指针；10—小齿轮（$z=10$）；11—拉簧

图 2-7　百分表的结构

2. 百分表的标记原理与示值读取方法

百分表测杆上的齿距是 0.625 mm。当测杆上升 16 齿时（即上升 $0.625 \times 16 = 10$ mm），16 齿的小齿轮正好转 1 周，与其同轴的大齿数（$z = 100$）也转 1 周，从而带动齿数为 10 的小齿轮和指针转 10 周。即当测杆移动 1 mm 时，长指针转一周。由于度盘上共等分 100 格，所以指针每转一格，表示齿杆移动 0.01 mm，故百分表的分度值为 0.01 mm。

3. 百分表读数方法

测量时，测量杆被推向管内，测量杆移动的距离等于短指针的读数加上长指针的读数。先读小指针转过的刻度线（即毫米整数），再读大指针转过的刻度线（即小数部分），并乘以 0.01，然后两者相加，即得到所测量的数值。

4. 百分表读数注意事项

（1）百分表要装夹在万能表架或磁性表架上使用。表架上的接头即伸缩杆，可以调节百分表的上下、前后和左右位置。

（2）测量平面或圆形工件时，百分表的测头应与平面垂直或与圆柱形工件中心线垂直。

（3）测量杆的升降范围不宜过大，以减小由于存在间隙而产生的误差。

学习活动 2　划线、锯削、锉削

◇学习目标◇

1. 正确使用划线工具，并能正确划线。
2. 掌握锯削、锉削的工艺知识与操作要领。

◇学习过程◇

一、学习准备

划线、锯削、锉削工量具、加工图纸。

二、引导问题

1. 加工图纸如图 2-8 所示。

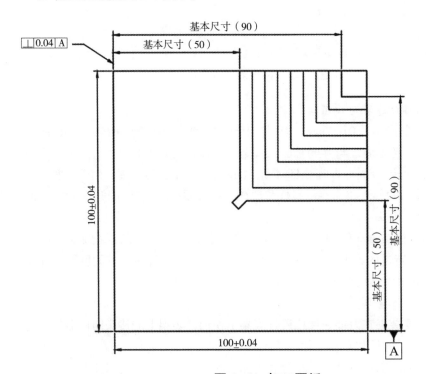

图 2-8　加工图纸

2．列出你所需要的工量具，填入下表中。

序 号	名 称	规 格	精 度	数 量	用 途
1					
2					
3					
4					
5					
6					
7					

3．平面锉削的方法有哪几种？

4．说说锯条的种类及使用要求。

5．说说锯条折断的原因。

6．评分表。

姓名	检测项目	100 ± 0.04 mm $\times 100 \pm 0.04$ mm	锯削①	锉削①	锯削②	锉削②	锯削③	锉削③	锯削④	锉削④	锯削⑤	锉削⑤	总分
	配分	10分	9分	9分	9分	9分	9分	9分	9分	9分	9分	9分	100分

◇评价与分析◇

活动过程评价表

班级：　　　　姓名：　　　　学号：　　　　　　　　年　　月　　日

评价项目及标准		分数	自我评价（10%）	小组评价（30%）	教师评价（60%）
操作技能	1. 检测工量具的正确、规范使用	10			
	2. 动手能力强，理论联系实际，善于灵活应用	10			
	3. 检测的速度	10			
	4. 熟悉质量分析，结合实际，提高自身的综合实践能力	10			
	5. 检测的准确性	10			
	6. 通过检测，能合理分析加工工艺	10			
实习过程	1. 查阅、收集资料情况 2. 任务完成情况 3. 成果展示情况 4. 纪律情况 5. 实训安全操作情况 6. 检测工件规范情况 7. 平时出勤情况 8. 检测完成质量 9. 检测的速度与准确性情况 10. 每天对工量具的整理、保管及场地卫生清扫情况	30			
情感态度	1. 师生互动情况 2. 良好的劳动习惯情况 3. 组员的交流、合作情况 4. 实践动手操作的兴趣、态度、积极性情况	10			
小计		100	__×0.1=__	__×0.3=__	__×0.3=__
总计					
工件检测得分			综合测评得分		
简要评述					

注：综合测评得分＝总计 50%＋工件检测得分 50%

任课教师签字：_____

◇知识链接◇

一、划线基本知识

1. 划线的概念

根据图样和技术要求，在毛坯或半成品上用划线工具划出加工界限，或划出作为基准的点、线的操作过程，称为划线。

2. 划线的作用

（1）确定工件上各加工面的加工位置，合理分配加工余量，为机械加工提供参考依据。

（2）便于复杂工件在机床上的安装定位。

（3）可按图样要求对毛坯做全面检查，及时发现和处理不合格毛坯。

（4）采用划线中的借料方法，可使有缺陷的毛坯得到补救。

（5）在对板类材料需按划线下料时，可使板料得到充分的利用。

3. 常用划线工具及应用

工具名称	用途
划线平板	由铸铁毛坯经精刨或刮削制成。其作用是安放工件和划线工具，并在其工作面上完成划线及检测过程。一般用木架搁置，放置时应使平板工作面处于水平状态
划线盘	用来直接在工件上划线或找正工件位置。一般情况下，划针的直头端用来划线，弯头端用来找正工件位置
划针	划线用的基本工具。常用的划针是用 $\varphi3 \sim \varphi6$ mm 的弹簧钢丝或高速钢制成，其长度约为 200~300 mm，尖端磨成 $15° \sim 20°$ 的尖角，并经热处理淬硬，以提高其硬度和耐磨性（硬度可达 55~60 HRC）
划规	用来划圆和圆弧、等分线段、等分角度及量取尺寸等。一般用工具钢制成，脚尖经热处理，硬度可达 48~53 HRC。有的划规在两脚端部焊上一段硬质合金，使用时，耐磨性更好。划规两脚的长短要磨得稍有不同，而且两脚合拢时脚尖能靠紧，才能划出尺寸较小的圆弧

续表

游标高度卡尺	常用的有 0~200 mm、0~300 mm 等规格，既可以用来测量高度，又可以用量爪直接划线
样冲	用于在所划的线条或圆弧中心上冲眼。一般用工具钢制成，并经热处理，硬度可达 55~60 HRC，其顶角约为 40° 或 60°（顶角为 40° 的样冲在加强界限标记时使用，顶角为 60° 的样冲在钻孔定中心使用）
90° 角尺	划线时可作为划垂直线或平行线的导向工具，同时可用来找正工件在平板上的垂直位置
划线方箱	方箱上的 V 形槽平行于相应的平面，它用于装夹圆柱形工件划线时，可用 C 形夹头将工件夹于方箱上，再通过翻转方箱，便可以在一次安装的情况下，将工件上互相垂直的三个方向的线全部划出来
V 形架	一般的 V 形架都是两块一副，V 形槽夹角为 90° 或 120°，主要用于支承轴类工件

二、锯削

用手锯对材料或工件进行切断或切槽等的加工方法称为锯削。

1. **手锯的组成**

手锯由锯弓和锯条两部分组成。锯弓用于安装和松紧锯条，有固定式和可调式两种，如图 2-9 所示。

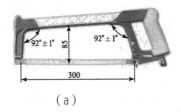
（a）

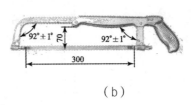
（b）

图 2-9

2. 锯条

锯条的规格包括长度规格和粗细规格两部分。锯条的长度规格是以两端销孔的中心距来表示，常用的锯条长度为 300 mm。粗细规格用 25 mm 长度内的锯齿数或用齿距（两相邻锯切刃之间的距离）表示。

3. 锯削的操作要点

（1）锯削姿势正确，压力和速度适当。一般锯削速度为 40 次 /min 左右。

（2）工件夹持牢靠，同时防止工件装夹变形或夹坏已加工表面。

（3）合理选择锯条的粗细规格。

（4）锯条的安装应正确，锯齿应朝前，锯条松紧要适当，如图 2-10 所示。

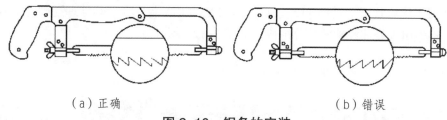

（a）正确　　　　　　　　　　　　　　　（b）错误

图 2-10　锯条的安装

（5）选择正确的起锯方法（见图 2-11）。

起锯要领：为了起锯平稳和准确，可用左手拇指挡住锯条，使锯条保持在正确的位置上起锯。起锯时施加的压力要小，往复行程要短，速度要慢一些。起锯时要注意安全，以免锯齿割伤拇指。

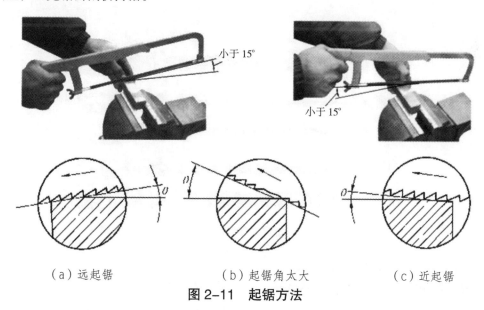

（a）远起锯　　　　　　（b）起锯角太大　　　　　　（c）近起锯

图 2-11　起锯方法

4. 锯削安全知识

锯削时，为保证安全生产，应做到以下几点：

（1）锯条安装后松紧度适宜，锯削时不要突然用力过猛，以防锯条折断后蹦出伤人。

（2）工件将要锯断时，应减小压力及减慢速度。压力过大会使工件突然断开，而手仍用力向前冲，易造成事故。一般工件将要锯断时，要用左手扶持工件将断开部分，避免工件掉下砸伤脚。

三、锉削

用锉刀对工件表面进行切削加工，使其尺寸、形状和表面粗糙度符合要求的操作方法称为锉削。

1. 锉刀的结构

锉刀用优质碳素工具钢 T12、T13 或 T12A、T13A 制成，经热处理后硬度达 62~72 HRC。锉刀由锉身和锉柄两部分组成，如图 2-12 所示。

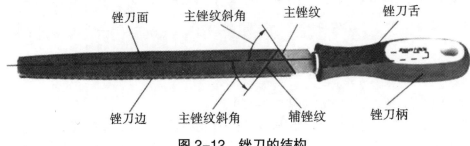

图 2-12　锉刀的结构

2. 锉刀的种类

（1）钳工锉，如图 2-13 所示。

图 2-13　钳工锉

（2）异形锉，如图 2-14 所示。

异形锉用来锉削工件上的特殊表面，有弯形和直形两种。

图 2-14　异型锉

（3）整形锉，如图 2-15 所示。

整形锉主要用于修整工件上的细小部分。

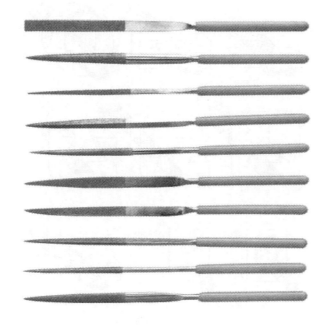

图 2-15　整形锉

3. 锉刀的规格

（1）尺寸规格。

锉刀的尺寸规格，圆锉以其断面直径、方锉以其边长为尺寸规格，其他锉刀以锉身长度表示。常用的锉刀有 100 mm、150 mm、200 mm、250 mm、300 mm 及 350 mm 等几种。异形锉和整形锉的尺寸规格是指锉刀全长。

（2）粗细规格。

锉刀粗细规格的选用如表 2-1 所示。

表 2-1　锉刀粗细规格的选用

粗细规格	适用场合		
	锉削余量 /mm	尺寸精度 /mm	表面粗糙度 Ra/μm^{-1}
1 号（粗齿锉刀）	0.5~1	0.2~0.5	100~25
2 号（中齿锉刀）	0.2~0.5	0.05~0.2	25~6.3
3 号（细齿锉刀）	0.1~0.3	0.02~0.05	12.5~3.2
4 号（双细齿锉刀）	0.1~0.2	0.01~0.02	6.3~1.6
5 号（油光锉）	0.1 以下	0.01	1.6~0.8

4. 锉刀的选择

为不同加工表面使用的锉刀，如图 2-16 所示。

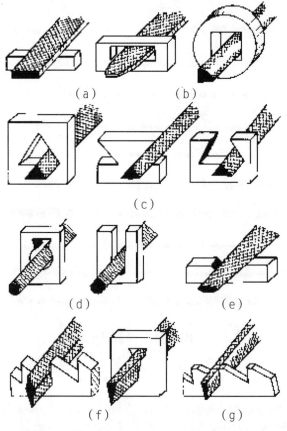

(a)平锉；（b)方锉；（c)三角锉；（d)圆锉；（e)半圆锉；（f)菱形锉；（g)刀口锉

图 2-16　不同加工表面使用的锉刀

5. 锉削的操作要点

（1）锉削时要保持正确的操作姿势和锉削速度，锉削速度一般为 40 次 / 分左右。

（2）锉削时两手用力要平衡，回程时不要施加压力，以减少锉齿的磨损。

6. 锉削安全知识

锉削时，为保证安全生产应注意以下事项：

（1）锉刀是右手工具，应放在台虎钳的右侧，放在钳台上时，锉刀柄不可露在钳桌外面，以防落在地上砸伤脚或损坏锉刀。

（2）没有装柄、柄已裂开的锉刀或没有加柄箍的锉刀不可使用。

（3）锉削时锉刀柄不能撞击到工件，以免锉刀柄脱落而刺伤手。

（4）不能用嘴去吹切屑，以防切屑飞入眼中，也不能用手清除切屑，以防扎伤手。同时，由于手上有油污，不可用手摸锉削面，否则，锉削时会使锉刀打滑而造成事故。

（5）锉刀不可以作为撬棒或锤子使用。

学习活动 3　孔加工、螺纹加工

◇学习目标◇

1．能按照"7S"管理规范操作。
2．掌握孔加工、螺纹加工的工艺知识和操作要领。

◇学习过程◇

一、学习准备

钻孔、锪孔、攻螺纹、套螺纹工量具、加工图纸。

二、引导问题

1．加工图纸。
图 2-17 为加工图纸。

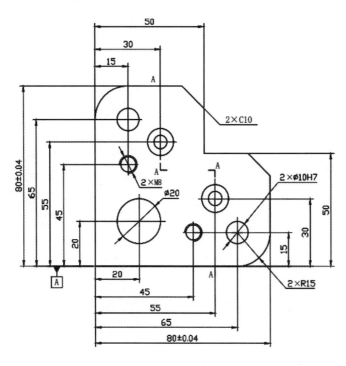
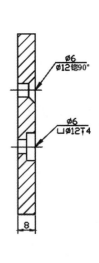

图 2-17　加工图纸

2. 列出你所需要的工量具。

序号	名称	规格	精度	数量	用途
1					
2					
3					
4					
5					
6					
7					

3. 钻孔的安全方面有哪些注意事项？

4. 锪孔有哪些注意事项？

5. 什么是铰孔？有什么作用？

6. 什么是攻螺纹和套螺纹？

7. 评分标准

序号	项目技术要求	配分	评分标准	自评 10%	互评 30%	教师评分 60%	得分
1	80 ± 0.04 mm（2 处）	5	超差不得分				
2	65 mm（2 处）	5	超差不得分				
3	55 mm（2 处）	5	超差每处扣 5 分				
4	45 ± 0.08 mm（2 处）	5	超差每处扣 5 分				
5	45 mm（2 处）	5	超差不得分				

续表

序号	项目技术要求	配分	评分标准	自评 10%	互评 30%	教师评分 60%	得分
6	20 mm（2处）	5					
7	15 mm（2处）	5					
8	30 mm（2处）	5					
9	50 mm（2处）	5					
10	R15 mm（2处）	5					
11	$\Phi6-\Phi12$（4外）	16	不同心1处扣2分，螺丝检测，孔不齐平1处扣2分				
12	2-M8	10	螺丝检测与端面不垂直1处扣5分				
13	2-Φ10H7	10	孔内表面不光滑1处扣5分				
14	各孔分布		孔加工位置有误1处扣10分				
15	锐边处理	4	不处理锐边2处以上不得分				
16	安全文明生产	10	酌情扣分				
合计							

◇评价与分析◇

活动过程评价表

班级：　　　　姓名：　　　　学号：　　　　　　年　　月　　日

评价项目及标准		分数	自我评价（10%）	小组评价（30%）	教师评价（60%）
操作技能	1. 检测工量具的正确、规范使用	10			
	2. 动手能力强，理论联系实际，善于灵活应用	10			
	3. 检测的速度	10			
	4. 熟悉质量分析、结合实际、提高自己综合实践能力	10			
	5. 检测的准确性	10			
	6. 通过检测，能对加工工艺合理分析	10			

续表

评价项目及标准		分数	自我评价 （10%）	小组评价 （30%）	教师评价 （60%）
实习 过程	1. 查阅、收集资料情况 2. 任务完成情况 3. 成果展示情况 4. 纪律观念 5. 实训安全操作 6. 检测工件规范情况 7. 平时出勤情况 8. 检测完成质量 9. 检测的速度与准确性 10. 每天对工量具的整理、保管及场地卫生清扫情况	30			
情感 态度	1. 师生互动 2. 良好的劳动习惯 3. 组员的交流、合作 4. 实践动手操作的兴趣、态度、主动积极性	10			
小计		100	__×0.1=__	__×0.3=__	__×0.3=__
总计					
工件 检测 得分			综合测评得分		
简要 评述					

注：综合测评得分 = 总计 50% + 工件检测得分 50%

任课教师签字：_____

◇**知识链接**◇

一、钻孔

用钻头在实体材料上加工出孔的方法，称为钻孔。

1. 麻花钻

麻花钻（俗称钻头）是指容屑槽由螺旋面构成的钻头，钻体部分形状象麻花一样，它是钳工常用的主要钻孔刀具。麻花钻的规格用直径表示（靠近钻尖处测量），主要用来在实体材料上钻削直径在 100 mm 以下的孔。

（1）麻花钻的组成。

①钻柄。

钻柄是钻头上用于夹固和传动的部分，用以定心和传递动力，有直柄和锥柄两种，如图 2-18 所示。

②钻体。

麻花钻的钻体包括切削部分（又称钻尖）、由两条刃带形成的导向部分及空刀。切削部分是指由产生切屑的诸要素（主切削刃、横刃、前刀面、后刀面、刀尖）所组成的工作部分，如图 2-19 所示，它承担着主要的切削工作。

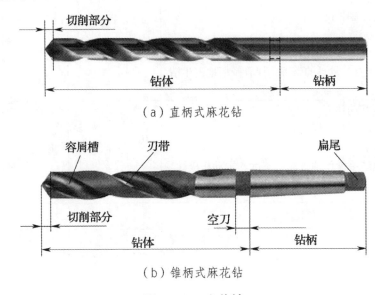

（a）直柄式麻花钻

（b）锥柄式麻花钻

图 2-18　麻花钻

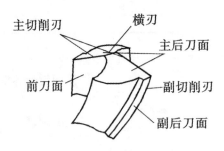

图 2-19　麻花钻切削部分的构成

麻花钻的导向部分用来保持麻花钻钻孔时的方向正确并修光孔壁，在麻花钻刃磨时可作为切削部分的后备。两条容屑槽的作用是形成切削刃，便于容屑、排屑和切削液的输入。

空刀是钻体上直径减小的部分，它的作用是在磨制麻花钻时作退刀槽使用，通常，锥柄麻花钻的规格、材料及商标也打印在此处。

（2）标准麻花钻的修磨，如表2-2所示。

表2-2　标准麻花钻的修磨

修磨措施	修磨要求及效果	图示
磨短横刃并增大靠近钻心处的前角	这是最基本的修磨方式。修磨后横刃的长度 b 为原来的1/5~1/3，以减小轴向抗力和挤刮现象，提高钻头的定心作用和切削的稳定性。同时，在靠近钻心处形成内刃，内刃斜角 $\tau=20°\sim30°$，内刃处前角=$-15°\sim0°$，切削性能得以改善。一般直径在5 mm以上的麻花钻均须修磨横刃	
修磨主切削刃	主要是磨出第二顶角（70°~75°）。在麻花钻外缘处磨出过渡刃（等于0.2d），以增大外缘处的刀尖角，改善散热条件，增加刀齿强度，提高切削刃与棱边交角处的耐磨性，延长钻头寿命，减少孔壁的残留面积，有利于减小孔的粗糙度	
修磨棱边	在靠近主切削刃的一段棱边上，磨出副后角 $\alpha_{01}=6°\sim8°$，并保留棱边宽度为原来的1/3~1/2，以减少对孔壁的摩擦，延长钻头寿命	
修磨前刀面	修磨外缘处前刀面，可以减小此处的前角，提高刀齿的强度，钻削黄铜时，可以避免"扎刀"现象	

2. 钻削用量的选择

（1）钻削用量。

钻削用量是指在钻削过程中，切削速度、进给量和切削深度的总称。

①钻削时的切削速度（v）。

钻孔时钻头直径上某点的线速度。可由下式计算：

$$v = \frac{\pi D n}{1000}$$

式中：v：切削速度（m/min）；D：钻头直径（mm）；n：钻床主轴转速（r/min）。

②钻削时的进给量（f）。

主轴每转一周，钻头相对工件沿主轴轴线的相对移动量，单位是 mm/r。

③切削深度（a_p）。

已加工表面与待加工表面之间的垂直距离。钻削时，$a_p=D/2$（mm）。

3. 钻孔用切削液

表 2-3 所示为钻孔用切削液。

表 2-3　钻孔用切削液

工件材料	切削液
各类结构钢	3%~5% 乳化液，7% 硫化乳化液
不锈钢、耐热钢	3% 肥皂加 2% 亚麻油水溶液，硫化切削油
紫铜、黄铜、青铜	5%~8% 乳化液（也可不用）
铸铁	5%~8% 乳化液，煤油（也可不用）
铝合金	5%~8% 乳化液，煤油，煤油与菜油的混合油（也可不用）
有机玻璃	5%~8% 乳化液，煤油

4. 钻孔的操作要点

（1）钻孔前，要检查工件加工孔位置和钻头刃磨是否正确，钻床转速是否合理。

（2）起钻时，先钻出一浅坑，观察钻孔位置是否正确。达到钻孔位置要求后，即可压紧工件继续钻孔。

（3）选择合理的进给量，以免造成钻头折断或发生事故。

（4）选择合适的切削液，以延长钻头使用寿命和改善加工孔的表面质量。

二、锪孔

用锪钻或锪刀刮平孔的端面或切出沉孔的方法，称为锪孔。锪孔的目的是为了保证孔端面与孔中心线的垂直度，以便与孔连接的零件位置正确，连接可靠。

在锪孔时应注意以下几点：

（1）锪孔时的进给量为钻孔的 2~3 倍，切削速度为钻孔的 1/3~1/2。精锪时可利用停车后的主轴惯性来锪孔，以减少振动而获得光滑表面。

（2）使用麻花钻改制锪钻时，尽量选用较短的钻头，并适当减小后角和外缘处前角，以防止扎刀和减少振动。

（3）锪钢件时，应在导柱和切削表面加切削液润滑。

三、铰孔

用铰刀从工件孔壁上切除微量金属层，以提高尺寸精度和表面粗糙度的方法，称为铰孔。

1. 铰刀

（1）铰刀的组成。

铰刀（以整体式圆柱铰刀为例）由柄部和刀体部分组成（见图 2-20）。刀体是铰刀的主要工作部分，它包含导锥、切削锥和校准部分。导锥用于铰刀引入孔中，不起切削作用；切削锥承担主要的切削任务；校准部分有圆柱刃带，主要起定向、修光孔壁、保证铰孔直径等作用。为了减小铰刀和孔壁的摩擦，校准部分直径有倒锥度。

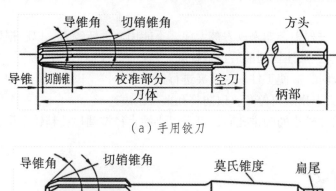

（a）手用铰刀

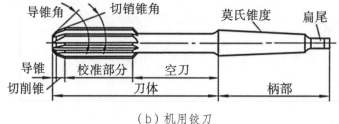

（b）机用铰刀

图 2-20　铰刀

2. 铰削用量

（1）铰削余量，如表 2-4 所示。

表 2-4　铰削余量

铰孔直径 /mm	< 5	5~20	21~32	33~50	51~70
铰削余量 /mm	0.1~0.2	0.2~0.3	0.3	0.5	0.8

（2）机铰切削速度和进给量，如表 2-5 所示。

表 2-5　机铰切削速度和进给量

工件材料	切削速度 v/m·min^{-1}	进给量 f/mm·r^{-1}
钢	4~8	0.4~0.8
铸铁	6~10	0.5~1
铜或铝	8~12	1~1.2

3. 铰孔的操作要点

（1）工件要夹正，两手用力要均衡，铰刀不得摇摆，按顺时针方向扳动铰杠进行铰削，避免在孔口处出现喇叭口或将孔径扩大。

（2）手铰时，要变换每次的停歇位置，以消除铰刀常在同一处停歇而造成的振痕。

（3）铰孔时，不论进刀还是退刀都不能反转，以防止刃口磨钝及切屑卡在刀齿后刀面与孔壁之间，将孔壁划伤。

（4）铰削钢件时，要注意经常清除粘在刀齿上的切屑；前段为切削锥，起切削和引导作用。

（5）铰削过程中，如果铰刀被卡住，不能用力扳转铰刀，以防损坏，而应取出铰刀，待清除切屑、加注切削液后再行铰削。

（6）机铰时，应使工件一次装夹进行钻、扩、铰，以保证孔的加工位置。铰孔完成后，要待铰刀退出后再停车，以防将孔壁拉出痕迹。

（7）铰尺寸较小的圆锥孔时，可先以小端直径按圆柱孔精铰余量钻出底孔，然后用锥铰刀铰削。

四、攻螺纹

用丝锥在孔中切削出内螺纹的加工方法，称为攻螺纹。

1. 攻螺纹用的工具

（1）丝锥，如图 2-21 所示。

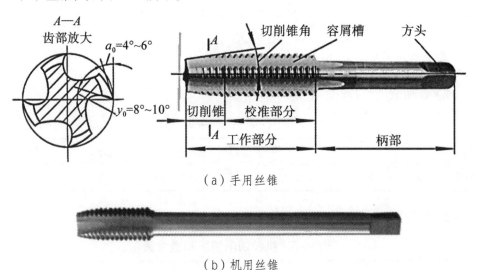

（a）手用丝锥

（b）机用丝锥

图 2-21　丝锥

丝锥的结构：丝锥由柄部和工作部分组成。柄部起夹持和传动作用。在工作部分上沿轴向开有几条容屑槽，以形成锋利的切削刃，前段为切削锥，起切削和引导作用；后段为校准部分，有完整的牙型，用来修光和校准已切出的螺纹，并引导丝锥沿轴向前进。为了减小牙侧的摩擦，在校准部分的直径上略有倒锥。

（2）铰杠，如图 2-22 所示。

图2-22 铰杠

铰杠是手工攻螺纹时，用来夹持丝锥的工具。

2. 攻螺纹前底孔直径与孔深的确定（见表2-6）

表2-6 攻螺纹前底孔直径速查表

螺纹公称直径 d	螺距 P	钻头直径 d		螺纹公称直径 d	螺距 P	钻头直径 d	
		铸铁，黄铜，青铜	钢，可铸铁，紫铜			铸铁，黄铜，青铜	钢，可铸铁，紫铜
2	0.4	1.6	1.6	18	2.5	15.3	15.5
	0.25	1.75	1.75		2	15.8	16
2.5	0.45	2.05	2.05		1.5	16.4	16.5
	0.35	2.15	2.15		1	16.9	17
3	0.5	2.5	2.5	20	2.5	17.3	17.5
	0.35	2.65	2.65		2	17.8	18
4	0.7	3.3	3.3		1.5	18.4	18.5
	0.5	3.5	3.5		1	18.9	19
5	0.8	4.1	4.2	22	2.5	19.3	19.5
	0.5	4.5	4.5		2	19.8	20
6	1	4.9	5		1.5	20.4	20.5
	0.75	5.2	5.2		1	20.9	21
8	1.25	6.6	6.7	24	3	20.7	21
	1	6.9	7		2	21.8	22
	0.75	7.1	7.2		1.5	22.4	22.5
10	1.5	8.4	8.5		1	22.9	23
	1.25	8.6	8.7	36	4		32
	1	8.9	9		3		
	0.75	9.1	9.2		2		34
12	1.75	10.1	10.2		1.5		

续表

螺纹公称直径 d	螺距 P	钻头直径 d		螺纹公称直径 d	螺距 P	钻头直径 d	
		铸铁，黄铜，青铜	钢，可铸铁，紫铜			铸铁，黄铜，青铜	钢，可铸铁，紫铜
12	1.5	10.4	10.5	48	5		43
	1.25	10.6	10.7		3		
	1	10.9	11		2		
14	2	11.8	12		1.5		
	1.5	12.4	12.5				
	1	12.9	13				
16	2	13.8	14				
	1.5	14.4	14.5				
	1	14.9	15				

3. 攻螺纹的操作要点

（1）按确定的攻螺纹的底孔直径和深度钻底孔，并将孔口倒角，便于丝锥顺利切入。

（2）起攻时，可一手用手掌按住铰杠中部，沿丝锥轴线用力加压，另一手配合作顺向旋进；或两手握住铰杠两端均匀施压，并将丝锥顺向旋进，保证丝锥中心线与孔中心线重合。

（3）当丝锥攻入 1~2 圈时，应检查丝锥与工件表面的垂直度，并不断校正。

（4）攻螺纹时，必须以头锥、二锥、精锥顺序攻削至标准尺寸。

（5）攻韧性材料螺孔时，要加合适的切削液。

五、套螺纹

用板牙在圆杆或管子上切削出外螺纹的加工方法，称为套螺纹。

1. 套螺纹用的工具

（1）圆板牙，如图 2-23 所示。

图 2-23　圆板牙

（2）圆板牙架，如图 2-24 所示。

圆板牙架是装夹圆板牙的工具。

图 2-24　圆板牙架

2. 套螺纹前圆杆直径的确定（见表 2-7）

表 2-7　套螺纹前底孔直径速查表

粗牙普通螺坟			英制管螺纹		
螺纹公称直径	螺距 P	螺杆直径	螺纹直径 "	管子直径	
		最小直径	最大直径		最小直径	最大直径
M6	1	5.8	5.9	1/8	9.4	9.5
M8	1.25	7.8	7.9	1/4	12.7	13
M10	1.5	9.75	9.85	3/8	16.2	16.5
M12	1.75	11.75	11.9	1/2	20.5	20.8
M14	2	13.7	13.85	5/8	22.5	22.8
M16	2	15.7	15.85	3/4	26	26.3
M18	2.5	17.7	17.85	7/8	29.8	30.1
M20	2.5	19.7	19.85	1	32.8	33.1
M22	2.5	21.7	21.85	11/8	37.4	37.7
M24	3	23.65	23.8	11/4	41.4	41.7
M27	3	26.65	26.6	13/8	43.8	44.1
M30	3.5	29.6	29.6	11/2	47.3	47.6

3. 套螺纹的操作要点

（1）套螺纹前应将圆杆端部倒成锥半角为 15º~20º 的锥体，锥体的最小直径要比螺纹小径小。

（2）为了使圆板牙切入工件，要在转动圆板牙时施加轴向压力，待圆板牙切入工件后不再施压。

（3）切入 1~2 圈时，要注意检查圆板牙的端面与圆杆轴线的垂直度。

（4）套螺纹过程中，圆板牙要时常倒转一下进行断屑，并合理选用切削液。

学习活动4　配合件制作

◇学习目标◇

1. 掌握配合件制作要点。
2. 能正确测量直线度、平面度、垂直度、配合间隙。

◇学习过程◇

一、学习准备

划线、锯削、锉削、孔加工工量具、加工图纸。

二、引导问题

1. 加工图纸（见图2-25）

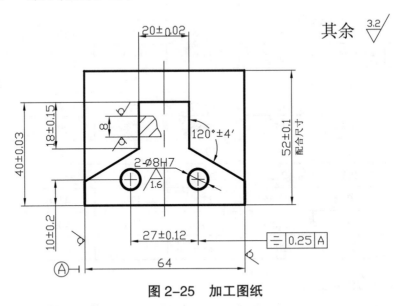

图2-25　加工图纸

2. 机械加工工艺过程

（1）划线。

①凸件：40 mm、22 mm、9.3 mm、42 mm、22 mm

②凹件：42.7 mm、30 mm、12 mm、42 mm、22 mm

③孔：10 mm、27 mm

（2）锉削。

凸件：40 mm、22 mm、42 mm、20 mm、30°

凹件：42.7 mm、12 mm、22 mm、20 mm、60°

（3）锉配。

①配合尺寸：64 mm × 52 mm；

②间隙 0.05 mm（5 处）；

③错位量 0.06 mm（5 处）

3．评分标准

序号	考核项目	考试内容及要求	配分	检测结果	评分标准	备注
1	锉削	40 ± 0.03 mm	4		超差不得分	
2		20 ± 0.02 mm	4		超差不得分	
3		18 ± 0.15 mm（2 处）	4		超差不得分	
4		120° ± 4'mm（2 处）	4		每超差 2' 扣 2 分	
5		Ra3.2 mm（12 处）	6		超差不得分	
6	铰削	2-8H7	4		超差不得分	
7		Ra1.6 mm（2 处）	4		超差不得分	
8		10 ± 0.2 mm	4		超差不得分	
9		27 ± 0.12 mm	4		每超差 0.1 mm 扣 2 分，超差 0.2 mm 以上不得分	
10			6		每超差 0.1 mm 扣 1 分，超差 0.2 mm 以上不得分	
11	锉配	间隙 0.05 mm（5 处）	15		每超差 0.01 mm 扣 1 分，超差 0.03 mm 以上不得分	
12		错位量 0.06 mm（5 处）	6		每超差 0.01 mm 扣 1 分超差 0.03 mm 以上不得分	
13		52 ± 0.1 mm	5		超差不得分	
工具使用与设备维护		正确、规范使用工刃量具，合理保养及维护工刃量具	10		主观评判不符合要求的酌情扣 1~5 分	
		正确、规范使用设备，合理保养及维护设备	6		主观评判不符合在求的酌情扣 1~3 分	
		操作姿势动作正确规范	4		主观评判不符合要求的不得分	
安全及其它		安全文明生产，按国家颁发的有关法规或企业自定有关规定进行操作	5		主观评判：一处不符合要求扣 2 分，发生较大事故者取消考试资格	
		操作正确，规程正确、规范	5		主观评判正确满分，一处不符合要求扣 1 分	
		考件工艺规程正确、规范			考件局部缺陷不得分	

◇**评价与分析**◇

活动过程评价表

班级：　　　　姓名：　　　　学号：　　　　　　年　　月　　日

评价项目及标准		分数	自我评价（10%）	小组评价（30%）	教师评价（60%）
操作技能	1. 检测工量具的正确、规范使用	10			
	2. 动手能力强，理论联系实际，善于灵活应用	10			
	3. 检测的速度	10			
	4. 熟悉质量分析、结合实际，提高自己综合实践能力	10			
	5. 检测的准确性	10			
	6. 通过检测，合理分析加工工艺	10			
实习过程	1. 查阅、收集资料情况 2. 任务完成情况 3. 成果展示情况 4. 纪律情况 5. 实训安全操作情况 6. 检测工件规范情况 7. 平时出勤情况 8. 检测完成质量情况 9. 检测的速度与准确性 10. 每天对工量具的整理、保管及场地卫生清扫情况	30			
情感态度	1. 师生互动 2. 良好的劳动习惯 3. 组员的交流、合作 4. 实践动手操作的兴趣、态度、积极性	10			
小计		100	__ ×0.1=_	__ ×0.3=_	__ ×0.3=_
总计					
工件检测得分			综合测评得分		
简要评述					

注：综合测评得分＝总计50% ＋ 工件检测得分50%

任课教师签字：＿＿＿＿＿＿＿＿＿＿

典型工作任务三　刮削原始平板

◇**学习目标**◇

1. 掌握平板的相关知识、刮削技能。
2. 掌握材料及热处理的知识。
3. 掌握安全操作和"7S"管理。

◇**工作流程与活动**◇

学习活动1　接受任务、制定拆装计划、做好开工前的准备工作、查阅相关资料
（4学时）

学习活动2　刮削原始平板和缺陷分析（12学时）

学习活动3　工作小结（2学时）

◇**学习任务描述**◇

钳工实训因划线平板不足，现需要制造6块。6块平板已经过刨床刨过，但达不到划线平板的精度要求，因此要通过平面刮削工艺，提高划线平板的精度。

◇**任务评价**◇

序号	学习活动	评价内容					占比
		活动成果（40%）	参与度（10%）	安全生产（20%）	劳动纪律（20%）	工作效率（10%）	
1	接受任务、制定拆装计划、做好开工前的准备工作、查阅相关资料	查阅信息单	活动记录	工作记录	教学日志	完成时间	30%
2	刮削原始平板和缺陷分析	原始平板	活动记录	工作记录	教学日志	完成时间	50%
3	工作小结	总结	活动记录	工作记录	教学日志	完成时间	20%
总计							100%

学习活动1　接受任务、制定拆装计划、做好开工前的准备、查阅相关资料

◇学习目标◇

1. 能接受任务，明确任务要求。
2. 明确原始平板的精度等级和相关要求。
3. 明确原始平板的刮削工艺。

◇学习过程◇

一、学习准备

机修实训手册、任务书、教材。

二、引导问题

1. 写出刮削的原理和特点。

2. 举例说明刮削的应用。

3. 写出刮削所用到的工、量具。

4. 写出原始平板的刮削工艺。

5. 根据你的分析，安排工作进度，完成下表。

序号	开始时间	结束时间	工作内容	工作要求	备注

6. 根据小组成员特点完成下表。

小组成员名单	成员特点	小组中的分工	备注

7. 小组讨论记录。

◇**温馨提示**◇

小组记录需要：记录人、主持人、日期、内容等要素。

学习活动2 刮削原始平板和缺陷分析

◇学习目标◇

1. 能按照"7S"管理规范实施作业。
2. 按照原始平板刮削的步骤进行。
3. 能对刮削缺陷进行分析。

◇学习过程◇

一、学习准备

机修实训手册、原始平板、显示剂、毛刷等。

二、引导问题

1. 试述显示剂的种类和用途。

2. 试述红丹粉的使用方法。

3. 写出下图所示的工具名称及用途。

名称：_____   名称：_____

用途：_____   用途：_____

4．根据刮刀的切削角写出刮刀的用途。

用途：_____　　用途：_____　　用途：_____

5．填写下列表格。

缺陷形式	特征	产生原因
深凹痕		
撕痕		
振迹		
划痕		
精密度不够		

6．试述安全操作及文明生产的相关内容。

◇ 评价与分析 ◇

活动过程评价表

班级：　　　　姓名：　　　　学号：　　　　　　年　　月　　日

评价项目及标准		分数	自我评价（10%）	小组评价（30%）	教师评价（60%）
操作技能	1. 刮削技能是否正确、规范	20			
	2. 动手能力强，理论联系实际，善于灵活应用	10			
	3. 刀痕是否达到要求	10			
	4. 上述题目是否按质按量安成	20			
实习过程	1. 安全文明操作情况 2. 平时出勤情况 3. 是否按教师要求进行操作 4. 每天对工具的整理、保管及场地卫生清扫情况	30			

续表

评价项目及标准		分数	自我评价（10%）	小组评价（30%）	教师评价（60%）
情感态度	1. 师生互动情况 2. 良好的劳动习惯 3. 组员的交流、合作情况 4. 实践动手操作的兴趣、态度、积极性	10			
小计		100	_×0.1=_	_×0.3=_	_×0.3=_
总计					
工件检测得分			综合测评得分		
简要评述					

等级评定：

A：优（10）；B：好（8）；C：一般（6）；D：有待提高（4）。

任课教师签字：_____

活动过程教师评价量表

班级		姓名		学号		日期	月　日	配分	得分
教师评价	劳保用品穿戴	严格按《实习守则》要求穿戴好劳保用品						5	
	平时表现评价	1. 出勤情况 2. 纪律及文明生产情况 3. 工作态度 4. 任务完成质量。 5. 良好的习惯，岗位卫生（"7S"）情况						15	
	综合专业技能水平	基本知识	1. 平面刮削的理论知识 2. 熟练查阅资料					20	
		操作技能	平面刮削技能					30	
	情感态度评价	1. 互动与团队合作 2. 良好的劳动习惯，注重提高自己的动手能力 3. 实践动手操作的兴趣、态度、积极性						10	
自评	综合评价	1. 组织纪律性，遵守实习场所纪律及有关规定 2. "7S"执行情况 3. 专业基础知识与专业操作技能的掌握情况						10	

续表

班级		姓名		学号		日期	月　日		配分	得分
互评	综合评价	1. 组织纪律性，遵守实习场所纪律及有关规定 2. "7S" 执行情况 3. 专业基础知识与专业操作技能的掌握情况							10	
合　计									100	
建议										

学习活动3 工作小结

◇学习目标◇

1. 能清晰、合理地撰写总结。
2. 能有效进行工作反馈与经验交流。

◇学习过程◇

一、学习准备

任务书、数据的对比分析结果、电脑。

二、引导问题

1. 请简单写出本次工作总结的提纲。

2. 写出工作总结的组成要素及格式要求。

3. 写出本次学习任务过程中存在的问题，并提出解决方法。

4. 写出本次学习任务中你认为做得最好的一项或几项内容。

5. 完成工作总结，提出改进意见。

◇知识链接◇

一、刮削概述

1. 刮削原理

用刮刀刮去工件表面金属薄层的加工方法称为刮削。在工件或校准工具上涂一层显示剂，经过推研，使工件上较高的部位显示出来，然后用刮刀刮去较高部分的金属层；经过反复推研、刮削，使工件达到要求的尺寸精度、形状精度及表面粗糙度。

2. 刮削的特点及作用

刮削具有切削用量小、切削力小、装夹变形小的特点，所以能获得很高的尺寸精度、形状和位置精度、接触精度、传动精度和很小的表面粗度值。

刮削一般要经过粗刮、细刮、精刮、刮花。

3. 刮削工具及显点

刮削的工具有刮刀、校准工具及显示剂。

（1）平面刮刀。

平面刮刀用于平面刮削和平面刮花。刮刀一般采用 T12A 或弹性较好的 GCr15 滚动轴承钢制成，并经热处理淬硬。

（2）曲面刮刀。

曲面刮刀用于刮削曲面。曲面刮刀的种类有三角刮刀及柳叶刮刀、蛇头刮刀。

（3）校准工具。

校准工具是用来研点和检验刮削表面准确情况的工具。常用的校准工具有校准平板、直尺、角度尺等。

（4）显示剂。

1）显示剂的种类。

①红丹粉：红丹粉有铅丹和铁丹两种，它们分别由氧化铅和氧化铁加机油调和而成。前者呈橘红色，后者呈橘黄色，主要用于刮削表面为铸铁或工件的涂色。

②蓝油：用蓝粉和蓖麻油调和而成，主要用于精密工件、有色金属用合金在刮削时的涂色。

2）显点方法。

①中、小型工件的显点：一般中、小型工件刮削推研时，是校准平板不动，将被刮研的平面涂均显示剂后，在平板上进行推研。若工件长度较长，推研时超出平板部分的长度，要小于工件长度的 1/3。

②大型工件显点：大型工件显点，一般都是工件固定，而把显示剂涂在被刮削的平面上，用校准工具在被刮削的平面上进行推研。

③形状不对称工件显点：工件在推研时一定要根据工件的形状，在不同位置施以不同大小及方向的力。

4. 刮削精度检验

接触精度常用 25 mm × 25 mm 正方形方框内研点数检验；形状位置精度用框式水平仪检验；配合间隙用塞尺检验。

二、刮削技能训练

1. 平面刮削姿势

（1）手刮法。

手刮法如图 3-1 所示。

图 3-1　手刮法

（2）挺刮法。

将刮刀柄顶在小腹右下部肌肉处，左手在前，手掌向下；右手在后，手掌向上，距刮刀头部 80 mm 左右处握住刀身。刮削时刀头对准研点，左手下压，右手控制刀头方向，利用腿部和臂部的合力往前推动刮刀；随着研点被刮削的瞬间，双手利用刮刀的反弹作用力迅速提起刀头，刀头提起高度约为 10 mm，如图 3-2 所示。

图 3-2　挺刮法

2. 刮削步骤

（1）粗刮：用粗刮刀在刮削面上均匀地铲去一层较厚的金属，使其很快去除刀痕、锈斑或过多的余量。粗刮的方法是用粗刮刀连续推铲，刀迹连成片。在整个刮削面上要均匀刮削，并根据测量情况，对凸凹不平的地方进行不同程度的刮削。第一遍粗刮时，可按着刨刀刀纹或导轨纵向的 45° 方向进行；第二遍刮研时，则按上一遍的垂直方向进行（即 90° 交叉）粗刮至 25 mm × 25 mm 内有 2~3 个研点时，粗刮结束。

（2）细刮：用细刮刀在刮削面上刮去稀疏的大块研点，使刮削面进一步改善。刮研时，刀迹宽度应为 6~8 mm，长为 10~25 mm，刮深为 0.01~0.02 mm。按一定方向依次刮研。刀迹按点子分布且可连刀刮。刮第二遍时，应以上一遍交叉 45°~60° 的方向进行。随着研点的增多，刀迹要逐步缩短。要一个方向刮完一遍后，再交叉刮削第二遍，以至削除原方向上的刀迹。刮削过程中要控制好刀头方向，避免在刮削面上划出深刀痕。显示剂要涂抹得薄而均匀，推研后的硬点应刮重些，软点应刮轻些，直至显示出的研点硬软均匀。在整个过程中，刮削面上每 25 mm × 25 mm 内有 12~15 个研点时，细刮结束。

（3）精刮：用精刮刀采用点刮法以增加研点，进一步提高刮削面精度。刮削时，刀迹宽度为 3~5 mm，长为 3~6 mm，并且找点要准，落刀要轻，起刀要快。在每个研点上只刮一刀，不能重复，刮削方向要按交叉原则进行。最大、最亮的研点全部刮去，中等研点只刮去顶点一小片，小研点留着不刮。当研点逐渐增多到每 25 mm × 25 mm 内有 20 个研点以上时，就要在最后的几遍刮削中，让刀迹的大小交叉一致，排列整齐美观，以结束精刮。

（4）刮花：刮花可增加刮研面的美观度，或使滑动表面之间形成良好的润滑条件，并且还可以根据花纹来判断平面的磨损程度。一般常见的花纹有斜花纹、鱼鳞花纹和半月形花纹。

3. 原始平板的刮削

原始平板刮削一般采用渐进法刮削，即不用标准平板，而以三块（或三块以上）平板依次循环互刮、互研，直至达到要求，如图 3-3 所示。

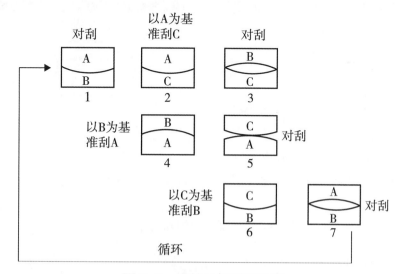

图 3-3　原始平板刮前步骤

先将三块平板单独进行粗刮，去除机械加工的刀痕和锈斑。对三块平板分别编号为 1、2、3，按编号次序进行刮削，其刮削循环步骤如下：

（1）一次循环：先设 1 号平板为基准，与 2 号平板互研、互刮，使 1.2 号平板贴合。再将 3 号平板与 1 号平板、互研，单刮 3 号平板，使 1、号平板贴合。然后用 2、3 号平板互研互刮，这时 2 号和 3 号平板的平面度略有提高。

（2）一次循环：在上一次 2 号与 3 号平板互研互刮的基础上，按顺序以 2 号平板为基准，1 号与 2 号平板互研，单刮 1 号平板，然后 3 号与 1 号平板互研、互刮，这时 3 号和 1 号平板的平面度又有了提高。

（3）在上一次 3 号与 1 号平板互研、互刮的基础上，按顺序以 3 号平板为基准，2 号与 3 号平板互研，单刮 2 号平板，然后 1 号与 2 号平板互研、互刮，这时 1 号和 2 号平板的平面度进一步提高。

循环次数越多，则平板越精密，且每块平板上任意 25 mm×25 mm 内均达到 20 个点以上，表面粗糙度小于 0.8 μm，且刀迹排列整齐美观，刮削完成。

4. 平面刮刀的刃磨和热处理

（1）平面刮刀的几何角度，如图 3-4 所示。

（a）粗刮刀为 90°~92.5°，刀刃平直   （a）粗刮刀为 90°~92.5°，刀刃平直

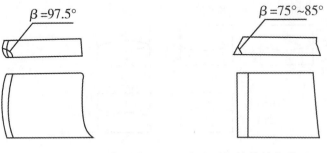

（c）精刮刀 97.5° 左右，刀刃带圆弧   （d）刮韧性材料的刮刀，可磨成正前角，适用于粗刮

图 3-4　平面刮刀的几何角度

（2）粗磨，如图 5 所示。

粗磨时分别将刮刀两平面贴在砂轮侧面上。开始时应先接触砂轮边缘，再慢慢平放在侧面上，不断地前后移动进行刃磨，使两面都达到平整，在刮刀前宽上用肉眼看

不出有显著的厚薄差别。然后粗磨顶端面，把刮刀的顶端放在砂轮轮缘止，平稳地左右移动刃磨，要求端面与刀身中心线垂直，磨时应先以一定倾斜角度与砂轮接触，再逐步按图 3-5 所示箭头方向转动至水平。如直接按水平位置靠上砂轮，刮刀会颤抖不易磨削，甚至会出事故。

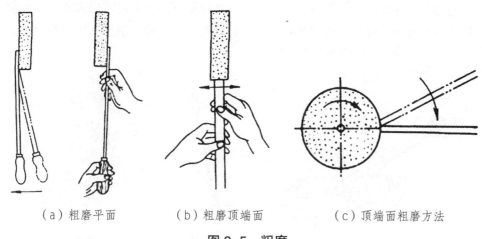

（a）粗磨平面　　　　（b）粗磨顶端面　　　　（c）顶端面粗磨方法

图 3-5　粗磨

（3）热处理，如图 3-6 所示。

将粗磨好的刮刀放在炉火中缓慢加热至 780~800℃（呈樱红色），加热长度为 25 mm 左右，取出后迅速放入冷水中（或 10%的盐水中）冷却，浸入深度为 8~10 mm。刮刀接触水面时作缓缓平移和间断地少许上下移动，这样可使淬硬部分不留下明显界限。当刮刀露出水面部分呈黑色，由水中取出观察其刃部颜色为白色时，迅速把整个刮刀浸入水中冷却，直到刮刀全冷后取出即成。热处理刮刀切削部分硬度应在 HRC60 以上，用于粗刮。精刮刀及刮花刮刀淬火时可用油冷却，刀头不会产生裂纹，金属的组织较细，容易刃磨，切削部分硬度接近 HRC60。

图 3-6　热处理

（4）细磨。

热处理后的刮刀要在细砂轮上细磨，基本达到刮刀的形状和几何角度要求。刮刀刃磨时必须经常蘸水冷却，避免刀口部分退火。

（5）精磨。

刮刀精磨须在油石上进行。操作时在油石上加适量机油，先磨两平面，直至平面平整，表面粗糙度＜0.2 μm。然后精磨端面，刃磨时，左手扶住手柄，右手紧握刀身，使刮刀直立在油石上，略带前倾（前倾角度根据刮刀 β 角的不同而定）地向前推移，拉回时刀身略微提起，以免磨损刃口，如此反复，直到切削部分形状和角度符合要求且刃口锋利为止。精磨如图 3-7 所示。

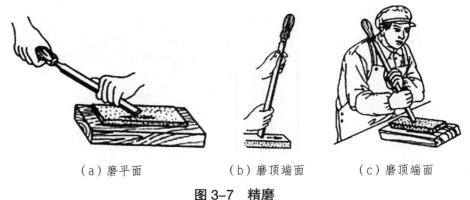

（a）磨平面　　　　　（b）磨顶端面　　　　　（c）磨顶端面

图 3-7　精磨

5. 刮削注意事项

（1）研点时，防止平板掉落砸伤脚。

（2）显示剂涂得适当。

（3）单人操作，禁止两人操作一块平板。

（4）严禁用刮刀玩耍。

（5）严禁窜岗或划伤已刮削的表面。

（6）操作姿势、动作正确。

（7）正确刃磨刮刀。

典型工作任务四　减速器的拆卸与装配

◇学习目标◇

1. 掌握减速器的构造及结构。
2. 掌握减速器的工作原理。
3. 掌握减速器的装配及调整。
4. 掌握零件图的绘制和装配图的读取。
5. 掌握装配的基本知识。

◇工作流程与活动◇

学习活动1　装配的基本知识（6学时）
学习活动2　减速器装配图识读与零件测绘（10学时）
学习活动3　减速器的拆卸与装配（10学时）
学习活动4　工作小结（4学时）

◇学习任务描述◇

在建筑工地上有一台卷扬机的减速器声音异常，经过判断是轴承及轴磨损，现要更换轴承和制造新轴才能修复。

◇任务评价◇

序号	学习活动	评价内容					占比
		活动成果（40%）	参与度（10%）	安全生产（20%）	劳动纪律（20%）	工作效率（10%）	
1	装配的基本知识	查阅信息单	活动记录	工作记录	教学日志	完成时间	10%
2	减速器装配图识读与零件测绘	工量具、设备清单	活动记录	工作记录	教学日志	完成时间	20%

续表

序号	学习活动	评价内容					占比
		活动成果（40%）	参与度（10%）	安全生产（20%）	劳动纪律（20%）	工作效率（10%）	
3	减速器的拆卸与装配	减速器的拆卸与装配	活动记录	工作记录	教学日志	完成时间	40%
4	工作小结						30%
合计							100%

学习活动 1 装配的基本知识

◇学习目标◇

1. 了解常用的修复方法、装配前的准备工作。
2. 理解静平衡的方法和步骤。
3. 掌握固定连接装配的技术要求和操作要点。
4. 掌握传动机构装配的技术要求和操作要点。
5. 掌握滚动轴承装配的技术要求和操作要点。

◇学习过程◇

一、学习准备

常用的工量具。

二、引导问题

1. 写出下列图片的名称及作用。

图片	名称	作用

续表

图片	名称	作用

续表

图片	名称	作用

2. 试述装配前的准备工作有哪些。

3. 试述螺纹连接的装配技术要求。

4. 试述成组螺母或螺钉拧紧的原则。

5. 试述过盈连接的装配技术要求。

6. 试述齿轮传动机构的装配技术要求。

7. 试述滚动轴承的装配技术要求。

8. 根据小组成员的特点完成下表。

小组成员名单	成员特点	小组中的分工	备注

9. 小组讨论记录。

◇ **温馨提示** ◇

小组记录需要：记录人、主持人、日期、内容等要素。

◇ **知识链接** ◇

机械装配与检测的基础知识

一、零件装配前的准备

零件的清理和清洗。

（1）零件的清理。

零件的清理包括清除零件上残存的型砂、铁锈、切屑、研磨剂等，特别是要仔细清除小孔、沟档等易存杂物的角落。对箱体、机体内部，清理后应涂以淡色油漆。

①清除非加工表面，如铸造机座、箱体时，可用錾子、钢丝刷清除其上的型砂和铁渣。

②清理加工面上的铁锈、油漆时，则用刮刀、铅刀、砂布清除。清理后，用毛刷、皮风箱或压缩空气清理干净。

（2）零件的清洗。

1）零件的清洗。

①单件和小批量生产中，零件在洗涤槽内用棉纱或泡沫塑料擦洗或进行冲洗。

②在成批大量生产中，用洗涤机清洗零件。常用洗涤机有固定清洗装置和超声波清洗装置等。

2）常用清洗液。常用清洗液有汽油、煤油、柴油和化学清洗。

① 工业汽油主要用于清洗油脂、污垢和一般黏附的机械杂质，适用于清洗较精密的零部件。航空汽油用于清洗质量要求较高的零件。

② 煤油和柴油的用途与汽油相似，但清洗能力不及汽油，清洗后干燥性较差但比汽油安全。

③ 化学清洗液又称乳化剂清洗液，对油脂、水溶性污垢具有良好的清洗能力。这种清洗液配制简单，稳定耐用，无毒，不易燃，使用安全，以水代油，节约能源。

3）清洗时的注意事项。

①对于橡胶制品，如密封团等零件严禁用汽油清洗，以防发涨变形。应用清洗液进行清洗。

②清洗零件时，可根据不同精度的零件，选用棉纱或泡沫塑料擦拭。滚动轴承不能使用棉纱清洗，防止棉纱头进入轴承内，影内轴承装配质量。

③清洗后的零件，应等零件上的油滴干后，再进行装配，以防影响装配质量。同

时清洗后的零件不应放置时间过长（暂不装配的零件应妥善保管），防止脏物和灰尘弄脏零件。

④零件的清洗工作可分为一次性清洗和二次性清洗。零件在第一次清洗后，应检查配合表面有无碰损和划伤，齿轮的齿部和棱角有无毛刺，螺纹有无损坏。对零件的毛刺和轻微碰损的部位应进行修整。

二、典型零部件的装配

（一）固定连接的装配

1. 螺纹连接的装配

（1）螺纹连接装配的技术要求。

①保证有足够的拧紧力矩。

②保证螺纹连接的配合精度。

③有可靠的防松装置。

（2）螺纹连接装配常用的工具。

1）螺钉旋具：主要用来装拆头部开槽的螺钉。螺钉旋具有一字旋具、十字旋具、快速旋具和弯头旋具，如图4-1所示。

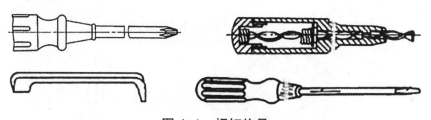

图4-1　螺钉旋具

2）扳手：用来装拆六角形、正方形螺钉及各种螺母，如图4-2所示。扳手有通用扳手（活动扳手）、专用扳手和特种扳手等。

①活动扳手：使用时应让固定钳口承受主要的作用力，扳手长度不可随意加长，以免损坏扳手和螺钉，如图4-3所示。

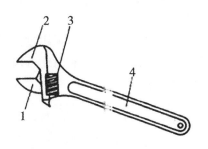

1—活动钳口；2—固定钳口；3—螺杆；4—扳手体

图4-2　扳手

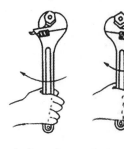

（a）正确　　（b）不正确

图4-3　活动扳手

②专用扳手：只能拆卸一种规格的螺母或螺钉。根据其用途不同可分为呆扳手、整体扳手、成套套筒扳手和内六角扳手等，如图4-4所示。

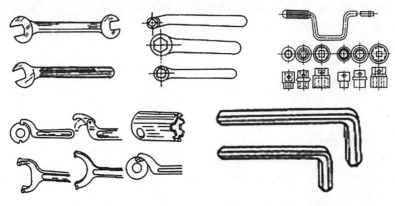

图4-4 专用扳手

③特种扳手：是根据某些特殊需要制造的，如棘轮扳手，不仅使用方便，而效率较高，如图4-5所示。

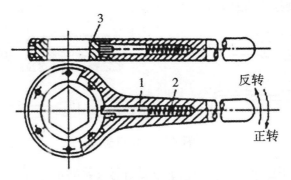

1—轮；2—弹簧；3—内六角套筒

图4-5 特种扳手

（3）螺纹连接装配的注意事项。

1）双头螺柱的配要点。

①应保证双头螺柱与机体螺纹配合有足够的紧固。为此，可采用过盈配合，以保证配合时有一定的过盈量；也可采用阶台形式紧固在机体上；有时还可以采用螺纹最后几圈牙形沟槽浅一些，以达到紧固（见图4-6）的目的。

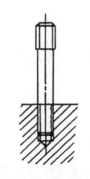 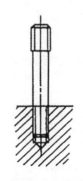

（a）具有过盈的配合　　　（b）带有阶台的坚固

图 4-6　紧固

②双头螺柱的轴心线必须与机体表面垂直。为保证垂直度，可采用90°角尺检验，当垂直度误差较小时，可将螺孔用丝锥矫正后再装。图4-7为双头螺柱。

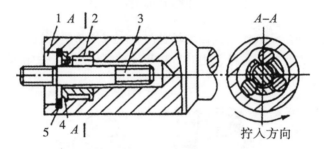

拧入方向

1—工具体；2—滚柱；3—双头螺柱；4—限位套筒；5—卡簧

图 4-7　专用工具拧紧双头螺柱

③装配双头螺柱时必须加注润滑油。

常用的拧紧双头螺柱的方法有：用两螺母拧紧、用长螺母拧紧和用专用工具拧紧等（见图4-8）。

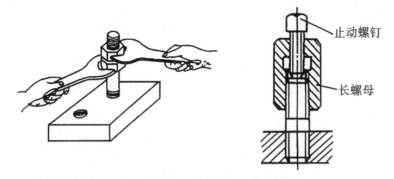

止动螺钉

长螺母

图 4-8　常用的拧紧双头螺柱的方法

2）螺母和螺钉的装配要点。

①螺钉不能弯曲变形，螺钉、螺母应与机体接触良好。

②被连接件应受力均匀，互相贴合，连接牢固。

③拧紧成组螺母时，需按一定顺序逐次拧紧。拧紧原则一般为从中间向两边对称扩展，如图 4-9 所示。

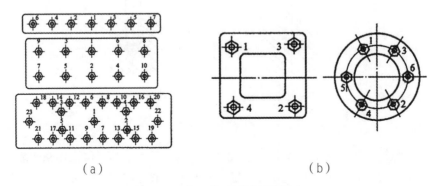

（a）　　　　　　　　　　　　（b）

图 4-9　成组螺母的拧紧顺序

螺纹连接在有冲击负载作用或振动场合时，应采用防松装置。常用的防松方法有用双螺母防松、用弹簧垫圈防松、用开口销与带槽螺母防松、用止动圈防松和串联钢丝防松等（见图 4-10）。

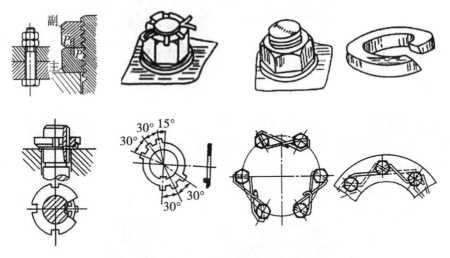

图 4-10　常用的防松方法

2. 键连接的装配

键连接是通过键实现轴与轴上零件间的周向固定以传递运动转矩的一种装配方法。

（1）松键连接的装配。

松键连接是靠键的两个侧面来传递转距，对轴上零件作圆周方向固定，不能承受轴向力。松键连接所采用的键有普通平键、导向键、半圆键和花键。

1）松键连接装配的技术要求。

①保证键与键槽的配合符合工作要求。

②键与键槽都应有较小的表面粗糙度值。

③键装入轴的键槽时，一定要与槽底贴紧，长度方向上允许有 0.1 mm 的间隙，键的顶面应与轮毂键槽底留有 0.3~0.5 mm 的间隙。

2）松键连接装配的要点。

①键和键槽不允许有毛刺，以防配合后有较大的过盈而影响配合的正确性。

②只能用键的头部和键槽试配，以防键在键槽内嵌紧而不易取出。

③锉配较长键时，允许键与键槽在长度方向上有 0.1 mm 的间隙。

④键连接装配时要加润滑油，装配后的套件在轴上不允许在圆周方向上摆动。

（2）紧键连接的装配（见图 4-11）。

紧键连接是指楔键连接，楔键的上下表面为工作面，键的上下表面和孔键槽底各有 1：100 的斜度，键的侧面和键槽配合时有一定的间隙。装配时，将键打入，靠过盈传递转距。紧键连接还能轴向固定并传递单方向轴向力。

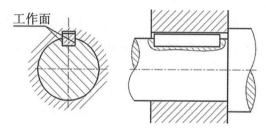

图 4-11　紧键连接

1）楔键连接（见图 4-12）装配的技术要求。

①楔键的斜度一定要和配合的键槽的斜度一致。

②楔键与键槽的两个侧面要留有一定的间隙。

③钩头楔键不能使钩头紧贴套件的端面，否则不易拆装。

2）楔键连接装配的要点。

装配楔键时一定要用涂色法检查键的接触情况，若接触不良，应对键槽进行修整，使其合格。

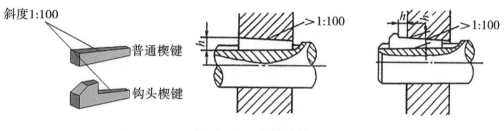

图 4-12　楔键连接

3. 销连接的装配（见图 4-13）

销连接可起定位、连接和保险作用。

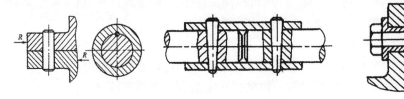

图 4-13　销连接

（1）圆柱销的装配。

圆柱销作定位时，为保证配合精度，通常需要两孔同时钻、铰，并使孔的表面粗糙度值在 $Ra1.6\ \mu m$ 以下。装配时应在销子上涂上机油，用铜棒将销子打入孔中。在采用一面两孔定位时，为防止转角误差，应把一个销的两边削掉一部分。

（2）圆锥销的装配。

圆锥销具有 1:50 的锥度，它定位准确，可多次拆装。圆锥销装配时，被连接的两孔也应同时钻、铰出来，孔径大小以销子自由插入孔中长度约为 80% 为宜，然后用锤子打入即可。

4. 过盈连接的装配

过盈连接是以包容件（孔）和被包容件（轴）配合后的过盈量来达到紧固连接的一种连接方法。

（1）过盈连接装配的技术要求。

1）配合件要有较高的形位精度，并能保证配合时有足够的过盈。

2）配合表面应有较小的表面粗糙度值。

3）装配时，配合表面一定要涂上机油，压入过程应连续进行，其速度要稳定，但不宜过快，一般保持在 2~4 mm/s 即可。

4）对细长轴和薄壁件的配合，装配前一定要对其零件的形位误差进行检查，装配时最好是沿竖直方向压入。

（2）过盈连接的装配方法。

1）压入法：可用锤子加垫块敲击压入或用压力机压入。

2）热膨法：利用物体热胀冷缩的原理，将孔加热，使孔径增大，然后将轴装入孔中。常用的加热方法是把孔工件放入热水中（80~100℃）或热油（80~320℃）中进行。

3）冷缩法：利用物体热胀冷缩的原理，将轴进行冷却，待轴径缩小后再把轴装入孔中。常用的冷却方法是采用干冰和液氮进行冷却。

（二）传动机构的装配

1. 齿轮传动机构的装配

（1）齿轮传动构装配的技术要求。

1）保证齿轮与轴的同轴度精度要求，严格控制齿轮的径向圆跳动和轴向窜动。

2）保证齿轮有准确的中心距和适当的齿侧间隙。

3）保证齿轮啮合有足够的接触面积和正确的接触位置。

4）保证滑移齿轮在轴上滑移的灵活性和准确的定位位置。

5）对转速高、直径大的齿轮，装配前应进行动平衡。

（2）圆柱齿轮传动机构的装配。

齿轮传动的装配与齿轮箱的结构特点有关，对开箱齿轮箱，其装配方法是先将齿轮按要求装入轴上，然后将齿轮组件装入箱内，盖上上盖，对轴承进行固定、调整即可。

1）齿轮与轴的装配。

齿轮与轴的装配形式有齿轮在轴上空转、齿轮在轴上滑移和齿轮在轴上固定三种形式。

齿轮在轴上空转或滑移时，其配合精度取决于零件本身的制造精度，装配简单也比较顺利。

当齿轮在轴上固定时，通常为过度配合，装配时需要一定的压力。若过盈量不大，可用铜棒敲入或压入；若过盈量较大，可用压力机压入。装配后一定要检查齿轮的径向圆跳动和端面圆跳动。其检验方法如图4-14所示。

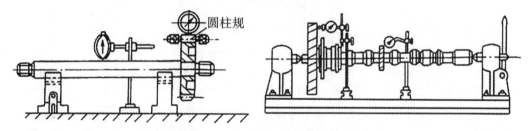

图4-14　齿轮与轴的装配检验方法

2）齿轮轴组与箱体的装配。

对非对开式齿轮箱齿轮传动的装配是在箱内进行的，即在齿轮装入轴上的同时也将轴组装入箱体内。为保证装配质量，装配前应对箱体上主要的孔进行精度检验。

①同轴线孔的同轴度检查：成批生产时可用专用芯棒检验，如图4-15所示。若芯棒能顺利穿入，则表明同轴度合格；若孔径不同，可制作检验套配合芯棒进行检验。

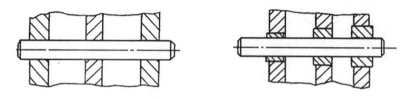

图4-15　专用芯棒检验

②孔中心距及平行度检验：可用精度较高的游标卡尺直接测量，也可用千分尺和芯棒测得 L_1 和 L_2 后再通过计算得到，如图4-16所示。

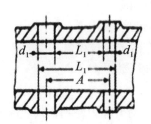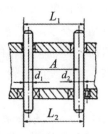

图 4-16 孔中心距及平行度检验

3）齿轮啮合精度检验。

①齿侧间隙的检验：齿侧间隙最直观、最简单的检验方法就是压铅丝法。在齿宽两端面上，平行放置两段直径不小于齿侧间隙 4 倍的铅丝，转动啮合齿轮挤压铅丝，铅丝被挤压后，最薄部分的厚度尺寸就是齿侧间隙。如图 4-17 所示。

图 4-17 压铅丝法

②接触精度的检验：接触精度指接触面积大小和接触位置。啮合齿轮的接触面积可用涂色法进行检验，在齿轮两侧面都涂上一层均匀的显示剂，然后转动主动轮，同时轻微制动从动轮（主要是增大摩擦力）。对于双向工作的齿轮，正反两个方向都要进行检验。

齿轮侧面上的印痕面积大小，应根据精度要求而定。一般传动齿轮在齿廓的高度上接触不少于 30% ~50%，在齿廓的宽度上不少于 40% ~70%，其分布位置是以节圆为基准，上下对称分布。通过印痕的位置（见图 4-18），可判断误差产生的原因。

（a）正确　　　（b）中心距过大　　　（c）中心距过小　　　（d）轴线平行度超差

图 4-18 涂色法

（三）轴承装配

轴承是支撑轴或轴上旋转的部件。轴承的种类形多，按轴承工作的摩擦性质分为滑动轴承和滚动轴承；按受载的方向分为深沟球轴承（承受径向力）、推力轴承（承受轴向力）和角接触轴承（承受径向力和轴向力）等。

1．滚动轴承的装配

滚动轴承常用的装配方法应根据轴承尺寸的大小和过盈量来选择。一般滚动轴承的装配方法有锤击法、用螺旋或杠杆压力机压入法及热装法。

（1）向心推力轴承的装配。

深沟球轴承常用的装配方法有锤击法和压入法，如图 4-19、图 4-20 所示；如果轴颈尺寸较大、过盈量也较大时，为装配方便，可用热法，即将轴承放在温度为 80~100℃的油中加热，然后和常温状态的轴配合。

（2）角接触球轴承的装配。

用锤击法、压入法或热装的方法将内圈装在轴颈上，用锤击法或压入法将外圈装到轴承孔内，然后调整游隙。

（3）推力球轴承的装配。

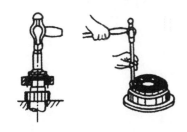

（a）将内圆装到
轴颈上　　（b）将外圆装
入孔内

图 4-19　锤击法装配滚动轴承

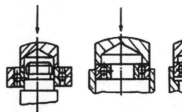

（a）将内圆
压入轴颈上　　（b）将外圆
装入轴承孔内　　（c）将内、外圆
同时压入轴孔中

图 4-20　压入法装配滚动轴承

推力球轴承有紧圈和松圈之分，装配时应使紧圈靠在转动零件的端面上，松圈应靠在静止零件（或箱体）的端面上，如图 4-21 所示。

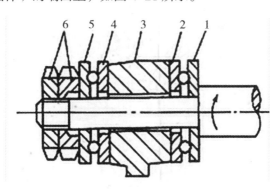

1、5—紧圈；2、4—松圈；3—箱体；6—螺母

图 4-21　推力球轴承的装配

2．滚动轴承的游隙的调整

滚动轴承的游隙是指在一个套圈固定的情况下，另一个套圈沿径向或轴向的最大

活动量，故游隙又分径向游隙和轴向游隙两种。

滚动轴承的游隙不能太大，也不能太小。游隙太大，会造成同时承受载荷的滚动体的数量减少，使单个滚动体的载荷增大，从而降低轴承的旋转精度，减少使用寿命；游隙太小，会使摩擦力增大，产生的热量增加，加剧磨损，同样会使轴承的使用寿命减少。因此，许多轴承在装配时都要严格控制和调整游隙。通常采用使轴承的内圈对外圈作适当的轴向相对位移的方法来保证游隙。

（1）调整垫片法：通过调整轴承盖与壳体端面的垫片厚度 δ，来调整轴承的轴向游隙，如图 4-22 所示。

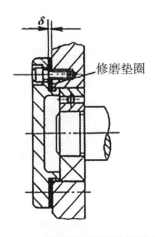

图 4-22   用垫片调整轴承游隙

（2）螺钉调整法，如图 4-23 所示。调整的顺序是：先松开锁紧螺母 2，再调整螺钉 3，待游隙调整好后再拧紧螺母 2。

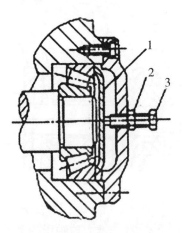

1—压盖；2—螺母；3—螺钉

图 4-23   用螺丝调整轴承游隙

3. 滚动轴承的预紧

对于承受载荷较大，旋转精度要求较高的轴承，大都是在无游隙甚至有少量过盈的状态下工作的，都需要轴承在装配时进行预紧。预紧就是轴承在装配时，给轴承的内圈或外圈一个轴向力，以消除轴承游隙，并使滚动体与内、外圈接触处产生初变形。预紧能提高轴承在工作状态下的刚度和旋转精度。滚动轴承预紧原理如图 4-24 所示。

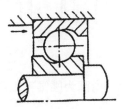

图 4-24　滚动轴承的预紧原理

（1）角接触轴承的预紧。

角接触轴承装配时的布置方式有：背对背式（外圈宽边相对）布置，面对面式（外圈窄边相对）布置，同向排列（又称成对背对背）布置，如图 4-25 所示。无论何种方式布置，都是采用在同一组两个轴承间配置不同厚度的间隔套来达到紧的目的。

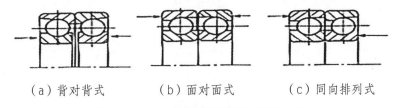

（a）背对背式　　　（b）面对面式　　　（c）同向排列式

图 4-25　角接触球轴承的布置方式

（2）单个轴承预紧，如图 4-26 所示。

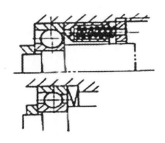

图 4-26　用弹簧预紧单个轴承

通过调整螺母，使弹簧产生不同的预紧力施加在轴承外圈上，达到预紧的目的。

（3）内圈为圆锥孔轴承的预紧，如图 4-27 所示。

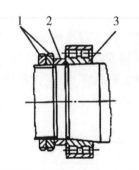

1—锁紧螺母；2—隔条；3—轴承内圈

图 4-27　内圈为圆锥孔轴承的预紧

　　预紧时的工作顺序是：先松开锁紧螺母 1 左边的一个螺母，再拧紧右边的螺母，通过隔套 2 使轴承内圈 3 向轴颈大端移动，使内圈直径增大，从而除去径向游隙，达到预紧的目的。最后再将锁紧螺母 1 左边的螺母拧紧，起到锁紧的作用。

学习活动 2　减速器装配图识读与零件测绘

◇学习目标◇

1. 能对轴类零件进行测绘。
2. 熟练掌握测量工具的使用方法。
3. 能熟练手工绘制和计算机绘制轴类零件图。

◇学习过程◇

一、学习准备

减速器轴、测量工具、机械制图（机械基础）、金属工艺学、A4 纸。

二、引导问题

1. 列出你所需要的量具，填入下表。

序号	名称	规格	精度	数量	用途
1					
2					
3					
4					
5					

2. 根据下列图片，请写出量具名称和用途。

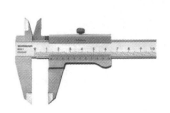

名称：＿＿＿＿＿＿＿＿　　名称：＿＿＿＿＿＿＿＿　　名称：＿＿＿＿＿＿＿＿

作用：＿＿＿＿＿＿＿＿　　作用：＿＿＿＿＿＿＿＿　　作用：＿＿＿＿＿＿＿＿

名称：＿＿＿＿＿＿＿＿＿＿＿＿＿ 名称：＿＿＿＿＿＿＿＿＿＿＿＿＿

作用：＿＿＿＿＿＿＿＿＿＿＿＿＿ 作用：＿＿＿＿＿＿＿＿＿＿＿＿＿

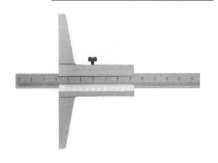
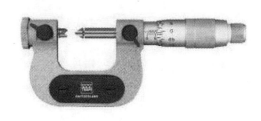

名称：＿＿＿＿＿＿＿＿＿＿＿＿＿ 名称：＿＿＿＿＿＿＿＿＿＿＿＿＿

作用：＿＿＿＿＿＿＿＿＿＿＿＿＿ 作用：＿＿＿＿＿＿＿＿＿＿＿＿＿

名称：＿＿＿＿＿＿＿＿＿＿＿＿＿

作用：＿＿＿＿＿＿＿＿＿＿＿＿＿

3. 零件测绘的目的是什么？

4. 举例说明制作轴类零件常用金属材料的牌号，并解释其含义和力学性能。

5. 试述加工轴类零件的方法。

6. 试述零件图的主要内容。

7. 怎样选择轴类零件的尺寸公差？轴类零件常用的形位公差有哪几项？轴类零件常用的热处理方法几种？

8. 试述装配图的主要内容。

9. 试述读装配图的方法和步骤。

10. 根据减速器装配图，回答以下问题（图纸附后）。

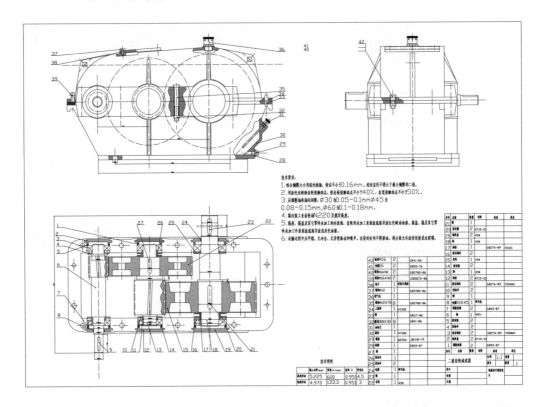

（1）该装配图的名称是什么？它共由多少种零件组成？图中序号为 3 的零件名称和规格是什么？其内孔直径是多少？

（2）该装配图选用了哪几种视图表达？主视图的选用原则是什么？

（3）图中配合尺寸有哪些？件 1 和件 3 采用什么配合制？属于什么配合（配合性质）？基本尺寸是多少？轴的公差等级为几级？

（4）图中序号 4 的零件名称是什么？它选用的是什么材料？解释其含义和力学性能。

（5）叙述该减速器的工作原理。

◇**知识链接**◇

机械制图相关知识

一、国家标准关于制图的一般规定

1. 格式（见图 4-28）、图纸幅面（见表 4-1）

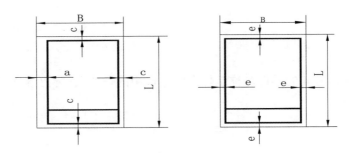

图 4-28　图纸格式

表 4-1　图纸幅面

幅面代号		A0	A1	A2	A3	A4
尺寸 $B \times L$/mm		841×1189	594×841	420×594	297×420	210×297
边框	a	25				
	c	10			5	
	e	20		10		

2. 图框格式

图框格式，如图 4-29 所示。

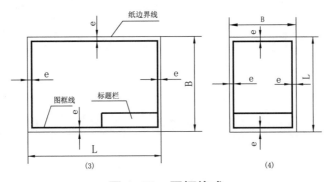

图 4-29　图框格式

3．标题栏，如图 4-30 所示。

学校用简易标题栏

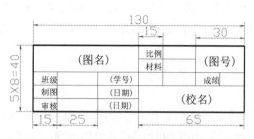

图 4-30　学校用简易标题

二、基本视图（见图 4-31）

当机件的外部结构形状在各个方向（上下、左右、前后）都不相同时，三视图往往不能清晰地把它表达出来。因此，必须加上更多的投影面，以得到更多的视图。

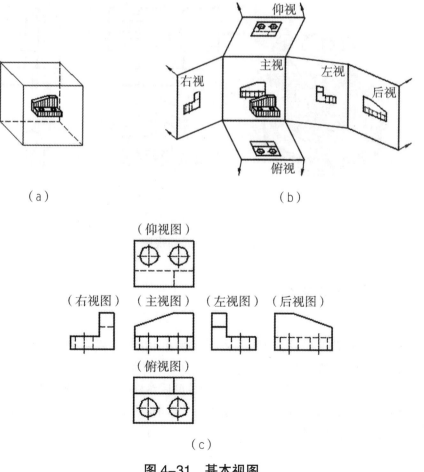

图 4-31　基本视图

为了清晰地表达机件六个方向的形状，可在 H、V、W 三投影面的基础上，再增加三个基本投影面。这六个基本投影面组成了一个方箱，把机件围在当中，如图 4-31（a）所示。机件在每个基本投影面上的投影，都称为基本视图。图 4-31（b）表示机件投影到六个投影面上后，投影面展开的方法。展开后，六个基本视图的配置关系和视图名称见图 4-31（c）。

三、局部视图

当采用一定数量的基本视图后，机件上仍有部分结构形状尚未表达清楚，而又没有必要再画出完整的其他的基本视图时，可采用局部视图来表达。

只将机件的某一部分向基本投影面投射所得到的图形，称为局部视图。如图 4-32（a）所示工件，画出了主视图和俯视图，已将工件基本部分的形状表达清楚，只有左、右两侧凸台和左侧肋板的厚度尚未表达清楚，此时便可像图 4-32（b）中的 A 向和 B 向那样，只画出所需要表达的部分而成为局部视图，如图 4-32（b）所示。

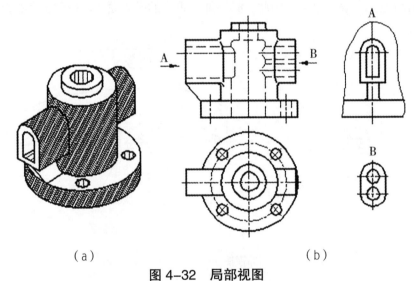

（a）　　　　　　　　　　　　　（b）

图 4-32　局部视图

四、剖视图（见图 4-33）

1. 概念

用一剖切平面剖开机件，然后将处在观察者和剖切平面之间的部分移去，而将其余部分向投影面投影所得的图形，称为剖视图（简称剖视）。

如图 4-33（b）所示的方法，假想沿机件前后对称平面把它剖开，拿走剖切平面前面的部分后，将后面部分再向正投影面投影，这样，就得到了一个剖视的主视图。图 4-33（c）表示机件剖视图的画法。

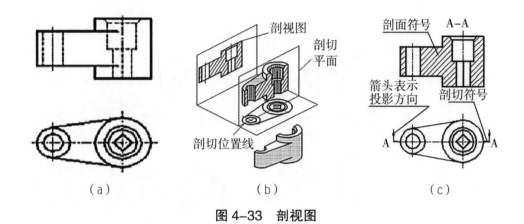

<table>
<tr><td>（a）</td><td>（b）</td><td>（c）</td></tr>
</table>

图 4-33　剖视图

2. 剖视图的分类

（1）全剖视图。

①概念。

用剖切平面，将机件全部剖开后进行投影得到的剖视图，称为全剖视图（简称全剖视）。如图 4-34 中的主视图和左视图均为全剖视图。

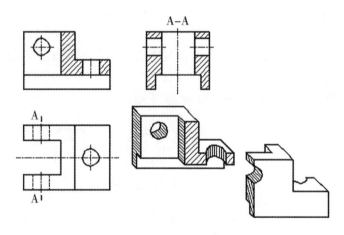

图 4-34　全剖视图

②应用。

全剖视图一般用于表达外部形状比较简单、内部结构比较复杂的机件。

（2）半剖视图。

①概念。

当机件具有对称平面时，以对称中心线为界，在垂直于对称平面的投影面上投影得到的，由半个剖视图和半个视图合并组成的图形称为半剖视图，如图 4-35 所示。

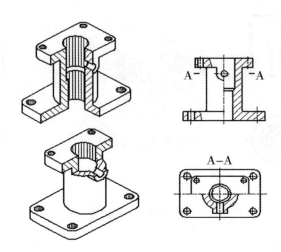

图 4-35　半剖视图

②应用。

半剖视图既充分表达了机件的内部结构，又保留了机件的外部形状，因此它具有内外兼顾的特点。但半剖视图只适宜于表达对称的或基本对称的机件。

（3）局部剖视图（见图 4-36）。

①概念。

将机件局部剖开后进行投影得到的剖视图称为局部剖视图。局部剖视图也是在同一视图上同时表达内外形状的方法，并且用波浪线作为剖视图与视图的界线。图 4-36（b）的主视图和左视图，均采用了局部剖视图。

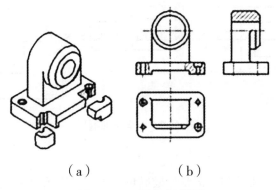

（a）　　　　　（b）

图 4-36　局部剖视图

②应用。

从以上几例可知，局部剖视是一种比较灵活的表达方法，剖切范围根据实际需要决定。但使用时要考虑看图方便，剖切不要过于零碎。它常用于下列两种情况：

a. 机件只有局部内形要表达，而又不必或不宜采用全剖视图时；

b. 不对称机件需要同时表达其内、外形状时，宜采用局部剖视图。

五、断面图

1. 概念

假想用剖切平面将机件在某处切断，只画出切断面形状的投影，并画上规定的剖面符号的图形称为断面图，简称为断面。如图 4-37 所示。

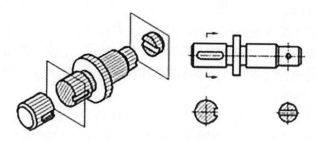

图 4-37　断面图

2. 断面图的分类

断面图分为移出断面图和重合断面图两种。

（1）移出断面图。

画在视图轮廓之外的断面图称为移出断面图，如图 4-38 所示。

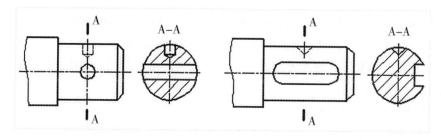

图 4-38　移出断面图

（2）重合断面图。

画在视图轮廓之内的断面图称为重合断面图，如图 4-39 所示。

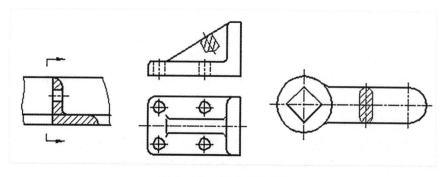

图 4-39　重合断面图

六、零件图

1. 零件图的作用

（1）零件图是表示零件结构、大小及技术要求的图样。

（2）零件图是制造和检验零件的主要依据，是指导生产的重要技术文件。

2. 零件图的内容

零件图是生产中指导制造和检验该零件的主要图样，它不仅仅是把零件的内、外结构形状和大小表达清楚，还需要对零件的材料、加工、检验、测量提出必要的技术要求。零件图必须包含制造和检验零件的全部技术资料。因此，一张完整的零件图一般应包括以下几项内容：

（1）一组图形：用于正确、完整、清晰及简便地表达出零件内外形状的图形，其中包括机件的各种表达方法，如视图、剖视图、断面图、局部放大图和简化画法等。

（2）完整的尺寸：零件图中应正确、完整、清晰、合理地注出制造零件所需的全部尺寸。

（3）技术要求：零件图中必须用规定的代号、数字、字母和文字注解说明制造和检验零件时在技术指标上应达到的要求。如表面粗糙度、尺寸公差、形位公差、材料和热处理、检验方法以及其他特殊要求等。技术要求的文字一般注写在标题栏上方的图纸空白处。

（4）标题栏：标题栏应配置在图框的右下角。它一般由更改区、签字区、其他区、名称区以及代号区组成。填写的内容主要有零件的名称、材料、数量、比例、图样代号以及设计、审核、批准者的姓名、日期等。标题栏的尺寸和格式已经标准化，可参见相关标准。

3. 零件结构形状的表达

零件的表达方案选择，应首先考虑看图方便。根据零件的结构特点，选用适当的表示方法。由于零件的结构形状是多种多样的，所以在画图前，应对零件进行结构形状分析，结合零件的工作位置和加工位置，选择最能反映零件形状特征的视图作为主视图，并选好其他视图，以确定一组最佳的表达方案。

选择表达方案的原则是：在完整、清晰地表达零件形状的前提下，力求制图简便。

（1）零件分析。

零件分析是认识零件的过程，是确定零件表达方案的前提。零件的结构形状、工作位置或加工位置的不同，视图选择也往往不同。因此，在选择视图之前，应首先对零件进行形体分析和结构分析，并了解零件的工作和加工情况，以便确切地表达零件的结构形状，反映零件的设计和工艺要求。

（2）主视图的选择。

主视图是表达零件形状最重要的视图，其选择是否合理将直接影响其他视图的选择和看图是否方便，甚至影响到画图时图幅的利用是否合理。一般来说，零件主视图的选择应满足"合理位置"和"形状特征"两个基本原则。

1）合理位置原则。

所谓"合理位置"通常是指零件的加工位置和工作位置。

①加工位置是零件在加工时所处的位置。主视图应尽量表示零件在机床上加工时所处的位置。这样在加工时可以直接进行图物对照，既便于看图和测量尺寸，又可减少差错。

②工作位置是零件在装配体中所处的位置。零件主视图的放置，应尽量与零件在机器或部件中的工作位置一致。这样便于根据装配关系来考虑零件的形状及有关尺寸，便于校对。

2）形状特征原则。

确定了零件的安放位置后，还要确定主视图的投影方向。形状特征原则就是将最能反映零件形状特征的方向作为主视图的投影方向，即主视图要较多地反映零件各部分的形状及它们之间的相对位置，以满足清晰表达零件的要求。

（3）选择其他视图。

一般来讲，仅用一个主视图是不能完全反映零件的结构形状的，必须选择其他视图，包括剖视、断面、局部放大图和简化画法等各种表达方法。主视图确定后，对其表达未尽的部分，再选择其他视图予以完善表达。

七、装配图的尺寸标注和技术要求

1. 装配图的尺寸标注

由于装配图主要是用来表达零、部件的装配关系的，所以在装配图中不需要注出每个零件的全部尺寸，只需注出一些必要的尺寸。这些尺寸按其作用不同，可分为以下五类。

（1）规格尺寸。

规格尺寸是表明装配体规格和性能的尺寸，是设计和选用产品的主要依据。

（2）装配尺寸。

装配尺寸包括零件间有配合关系的配合尺寸以及零件间相对位置尺寸。

（3）安装尺寸。

安装尺寸是机器或部件安装到基座或其他工作位置时所需的尺寸。

（4）外形尺寸。

外形尺寸是指反映装配体总长、总宽、总高的外形轮廓尺寸。

（5）其他重要尺寸。

其他重要尺寸包括在设计过程中，经过计算而确定的尺寸、主要零件的主要尺寸以及在装配或使用中必须说明的尺寸。

以上五类尺寸，并非每张装配图中都需全部标注，有时同一个尺寸，可同时兼有几种含义。所以装配图上的尺寸标注，要根据具体的装配体情况来确定。

2. 装配图的技术要求

装配图的技术要求一般用文字注写在图样下方的空白处。技术要求因装配体的不同，其具体的内容有很大不同，但技术要求一般应包括以下几个方面。

（1）装配要求。

装配要求是指装配后必须保证的精度以及装配时的要求等。

（2）检验要求。

检验要求是指装配过程中及装配后必须保证其精度的各种检验方法。

（3）使用要求。

使用要求是对装配体的基本性能、维护、保养、使用时的要求。

八、典型零件的规定画法

1. 螺纹的规定画法和标注

（1）螺纹的规定画法。

1）外螺纹的画法。

外螺纹的大径用粗实线表示，小径用细实线表示。螺纹小径按大径的 0.85 倍绘制。在不反映圆的视图中，小径的细实线应画入倒角内，螺纹终止线用粗实线表示，如图 4-40（a）所示。当需要表示螺纹收尾时，螺纹尾部的小径用与轴线成 30° 的细实线绘制，如图 4-40（b）所示。在反映圆的视图中，表示小径的细实线圆只画约 3/4 圈，螺杆端面上的倒角圆省略不画，如图 4-40 所示。剖视图中的螺纹终止线和剖面线画法如图 4-40（c）所示。

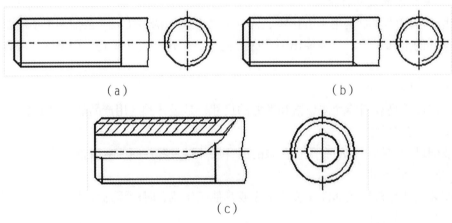

（a）　　　　　　　　　　　　（b）

（c）

图 4-40　外螺纹画法

2）内螺纹的画法。

内螺纹通常采用剖视图表达，在不反映圆的视图中，大径用细实线表示，小径和螺纹终止线用粗实线表示，且小径取大径的 0.85 倍，注意剖面线应画到粗实线。若是盲孔，终止线到孔的末端的距离可按 0.5 倍大径绘制。在反映圆的视图中，大径用约 3/4 圈的细实线圆弧绘制，孔口倒角圆不画，如图 4-41（a）、（b）所示。当螺孔相交时，其相贯线的画法如图 4-41（c）所示。当螺纹的投影不可见时，所有图线均画成细虚线，如图 4-41（d）所示。

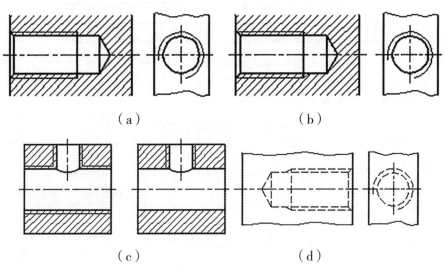

（a）　　　　　　　　　　　　（b）

（c）　　　　　　　　　　　　（d）

图 4-41　内螺纹画法

（2）螺纹的标注方法。

1）普通螺纹（见图 4-42）。

普通螺纹用尺寸标注形式注在内、外螺纹的大径上，其标注的具体项目和格式如下：

| 螺纹代号 | 公称直径 | × | 螺距　旋向 | – | 中径公差带代号 | 顶径公差带代号 | – | 旋合长度代号 |

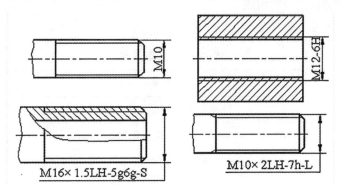

M16× 1.5LH-5g6g-S　　　　　M10× 2LH-7h-L

图 4-42　普通螺纹标注示例

2）传动螺纹（见图 4-43）。

传动螺纹主要指梯形螺纹和锯齿形螺纹，它们也用尺寸标注的形式，注在内外螺纹的大径上，其标注的具体项目及格式如下：

| 螺纹代号 | 公称直径 | × | 导程（P 螺距） | 旋向 | – | 中径公差带代号 | – | 旋合长度代号 |

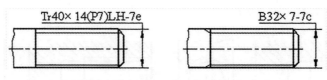

图 4-43 传动螺纹标注示例

2. 中心孔的符号（表 4-2）

表 4-2 中心孔的符号

在完工的零件上要求保留中心孔		GB/T 4459.5–B2.5/8	采用 B 型中心孔 $D=2.5$ mm $D_1=8$ mm 在完工的零件上要求保留
在完工的零件上可以保留中心孔		GB/T 4459.5–B2.5/8	采用 A 型中心孔 $D=4$ mm $D_1=8.5$ mm 在完工的零件上是否保留都可以
在完工的零件上不允许保留中心孔		GB/T 4459.5–B2.5/8	采用 A 型中心孔 $D=1.6$ mm $D_1=3.35$ mm 在完工的零件上不允许保留

九、滚动轴承的代号

1. 滚动轴承的代号

（1）滚动轴承代号的组成。

（2）基本代号（表 4-3）。

表 4-3 基本代号

前置代码	基本代号			后置代号
	轴承系列代号		内径代号	
	类型代号	尺寸系列代号		
		宽度（或高度）系列代号	直径系列代号	

1）类型代号（表 4-4）。

表 4-4 类型代号

类型代号	轴承类型	类型代号	轴承类型
0	双列角接触球轴承	7	角接触球轴承
1	调心球轴承	8	推力圆柱滚子轴承
2	调心滚子轴承和推力调心滚子轴承	N	圆柱滚子轴承

续表

类型代号	轴承类型	类型代号	轴承类型
3	圆锥滚子轴承	U	外球面球轴承
4	双列深沟球轴承	QJ	四点接触球轴承
5	推力球轴承	C	长弧面滚子轴承（圆环轴承）
6	深沟球轴承		

2）尺寸系列代号。

①尺寸系列代号由两位数字组成；

②前一位数字为宽（高）度系列代号；

③后一位数字为直径系列代号；

④宽（高）度系列代号：宽（高）度系列代号表示内、外径相同而宽（高）度不同的轴承系列；

⑤直径系列代号：直径系列代号表示内径相同而具有不同外径的轴承系列。

3）内径代号。

内径 $d \geqslant 10$ mm 的滚动轴承内径代号，如表 4-5 所示。

表 4-5

内径代号（两位数）	00	01	02	03	04~96
轴承内径 /mm	10	12	15	17	代号 ×5

十、轴类零件测绘实例

图 4-44 所示为轴类零件测绘实例图。

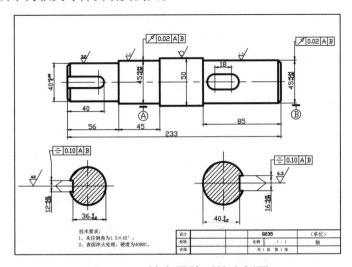

图 4-44　轴类零件测绘实例图

1. 了解和分析轴的用途

首先应了解轴的名称、用途、材料以及它在机器（或部件）中的位置和作用；然后对该零件进行结构分析和制造方法的大致分析。

2. 确定视图表达方案

确定零件图的表达方案包括选择视图、选用表达方法和确定视图的数量等。

（1）选择主视图。

选择主视图时，要确定零件的安放位置和投影方向。一般来说，零件图中的主视图应是零件在机器中的工作位置或主要加工位置以及形状结构和尺寸的真确性。以回转体位为主要结构的简单零件，如轴、轮盘等，多按主要加工位置画主视图。

（2）确定投影方向。

在位置一定的条件下，应从左右、前后四个方向选择明显地表达零件的主要结构形状和各部分之间相对位置关系的一面为主视图。

（3）选择其他视图。

选择其他视图，应以主视图为基础，然后根据零件的形状和特点，以完整、清晰、唯一确定零件的形状为原则，采用与分析组合体相似的方法，按自然结构逐个分析视图及其表达方法，最后整合即可。

（4）表达方法。

在零件表达方法中主要有：①局部视图；②斜视图；③旋转视图；④全剖视图；⑤半剖视图；⑥局部剖视图；⑦阶梯剖；⑧旋转剖；⑨斜剖；⑩复合剖；⑪剖面图；⑫局部放大图。

3. 尺寸测量

关键零件的尺寸、重要尺寸及较大尺寸，应反复测量，直到数据稳定、可靠再计算其均值。对整件尺寸应整件测量，对间接测量的尺寸数据应及时整理记录。

4. 技术要求的确定

在零件图上，除标注基本尺寸外，还必须标注尺寸公差和其他技术要求，包括零件的行位公差、表面粗糙度、材料及热处理等要求。

（1）公差配合的选择，如表4-6、表4-7所示。

表 4-6 公差配合的选择（1）

基准孔	轴																						
	a	b	c	d	e	f	g	h	js	k	m	n	p	r	s	t	u	v	x	y	z
	间隙配合								过渡配合				过盈配合									
H6						$\frac{H6}{f5}$	$\frac{H6}{g5}$	$\frac{H6}{h5}$	$\frac{H6}{js5}$	$\frac{H6}{k5}$	$\frac{H6}{m5}$	$\frac{H6}{n5}$	$\frac{H6}{p5}$	$\frac{H6}{r5}$	$\frac{H6}{s5}$	$\frac{H6}{t5}$					
H7						$\frac{H7}{f6}$	▼$\frac{H7}{g6}$	▼$\frac{H7}{h6}$	$\frac{H7}{js6}$	▼$\frac{H7}{k6}$	▼$\frac{H7}{m6}$	$\frac{H7}{n6}$	▼$\frac{H7}{p6}$	$\frac{H7}{r6}$	▼$\frac{H7}{s6}$	$\frac{H7}{t6}$	▼$\frac{H7}{u6}$	$\frac{H7}{v6}$	$\frac{H7}{x6}$	$\frac{H7}{y6}$	$\frac{H7}{z6}$

续表

基准孔	a	b	c	d	e	f	g	h	js	k	m	n	p	r	s	t	u
H8					$\frac{H8}{e7}$	$\frac{H8}{f7}$	$\frac{H8}{g7}$	$\frac{H8}{h7}$	$\frac{H8}{js7}$	$\frac{H8}{k7}$	$\frac{H8}{m7}$	$\frac{H8}{n7}$	$\frac{H8}{p7}$	$\frac{H8}{r7}$	$\frac{H8}{s7}$	$\frac{H8}{t7}$	$\frac{H8}{u7}$
				$\frac{H8}{d8}$	$\frac{H8}{e8}$	$\frac{H8}{f8}$		$\frac{H8}{h8}$									
H9			$\frac{H9}{c9}$	$\frac{H9}{d9}$	$\frac{H9}{e9}$	$\frac{H9}{f9}$		$\frac{H9}{h9}$									
H10			$\frac{H10}{c10}$	$\frac{H10}{d10}$				$\frac{H10}{h10}$									
H11	$\frac{H11}{a11}$	$\frac{H11}{b11}$	$\frac{H11}{c11}$	$\frac{H11}{d11}$				$\frac{H11}{h11}$									
H12		$\frac{H12}{b12}$						$\frac{H12}{h12}$									

表 4-7　公差配合的选择（2）

基准轴	孔																				
	A	B	C	D	E	F	G	H	JS	K	M	N	P	R	S	T	U	V	X	Y	Z
	间隙配合								过渡配合				过盈配合								
H5						$\frac{F6}{h5}$	$\frac{G6}{h5}$	$\frac{H6}{h5}$	$\frac{JS6}{h5}$	$\frac{K6}{h5}$	$\frac{M6}{h5}$	$\frac{N6}{h5}$	$\frac{P6}{h5}$	$\frac{R6}{h5}$	$\frac{S6}{h5}$	$\frac{T6}{h5}$					
H6						$\frac{F7}{h6}$	$\frac{G7}{h6}$	$\frac{H7}{h6}$	$\frac{JS7}{h6}$	$\frac{K7}{h6}$	$\frac{M7}{h6}$	$\frac{N7}{h6}$	$\frac{P7}{h6}$	$\frac{R7}{h6}$	$\frac{S7}{h6}$	$\frac{T7}{h6}$	$\frac{U7}{h6}$				
H7					$\frac{E8}{h7}$	$\frac{F8}{h7}$		$\frac{H8}{h7}$	$\frac{JS8}{h7}$	$\frac{K8}{h7}$	$\frac{M8}{h7}$	$\frac{N8}{h7}$									
H8				$\frac{D8}{h8}$	$\frac{E8}{h8}$	$\frac{F8}{h8}$		$\frac{H8}{h8}$													
H9				$\frac{D9}{h9}$	$\frac{E9}{h9}$	$\frac{F9}{h9}$		$\frac{H9}{h9}$													
H10				$\frac{D10}{h10}$				$\frac{H10}{h10}$													
H11	$\frac{A11}{h11}$	$\frac{B11}{h11}$	$\frac{C11}{h11}$	$\frac{D11}{h11}$				$\frac{H11}{h11}$													
H12		$\frac{B12}{h12}$						$\frac{H12}{h12}$													

（2）形位公差。

在国家标准中，形位公差共有 12 种，对于轴来讲，常用圆度、圆柱度、同轴度、圆跳动、全跳动、端面跳动等项目；对轴上的键槽等结构应标注对称度、平行度等形位公差。

5. 材料及热处理

一般传动轴 35 钢或 45 钢，调质到 260~320 HBS。要求强度高的轴可以 40 C_r 调质到 230~240 HBS 或淬硬到 35~42 HRC。在滑动轴承中运转的轴可选用 15 钢或 20 C_r 钢，经渗碳淬火到 56~62 HRC

钢的热处理方法，按热处理的目的、加热条件和特点不同，可分为以下三类：

（1）整体热处理：退火、正火、淬火、回火。

（2）表面热处理：火焰淬火、感应淬火。

（3）化学热处理：渗碳渗氮、碳氮共渗。

6. 硬度

硬度试验方法较多，最常用的有以下几种：

（1）布氏硬度：HB 淬火钢球（HBS）、硬质合金球（HBW）。

（2）洛氏硬度：HR120° 金钢石锥（HRA）、1.588 淬火钢球（HRB）、120 度金钢石圆锥（HRC）。

（3）维氏硬度：HV。

十一、评分标准

序号	考核内容	配分	扣分	得分	备注
1	图形正确，完整、清晰地达零件的内、外结构形状	20			
2	正确、齐全、清晰地标注零件在制造和检验时所需的全部尺寸	20			
3	合理标注尺寸的偏差和公差	20			
4	合理标注形位公差	15			
5	合理标注表面粗糙度	15			
6	正确写出技术要求	5			
7	绘制标题栏和填写标题正确	5			
总分					

评分人：_____ 总分人：_____ 日期：_____年____月____日

学习活动 3　减速器的拆卸与装配

◇学习目标◇

1. 能按照"7S"管理规范实施作业。
2. 能合理地选用并熟练、规范地使用拆装工具及设备。
3. 能熟练地对减速器进行拆装。

◇学习过程◇

一、学习准备

减速器说明书、拆装用工量具及设备、"7S"管理规范。

二、引导问题

1. 机械拆卸的原则是什么？

2. 装配之前需要掌握的几个问题。
（1）装配前的准备工作有哪些？

（2）常用的零件清洗液有哪几种？各用在何种场合？

3．列出所需工具的名称和使用方法，填入下表。

序号	名称	作用

4．根据下面所示的减速器装配图，写出其工作原理。

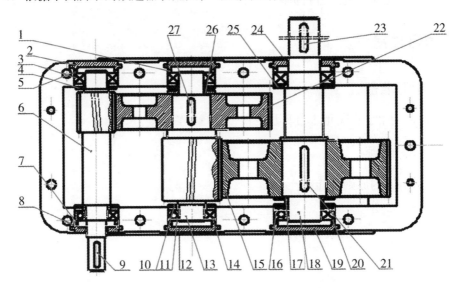

5．减速器拆卸时需注意哪些事项？

6．机械装配的常用方法有哪些？在装配时你用到了哪些方法？

7. 按照工序及工步的方式，总结出主轴的拆装步骤，填写在下表中。

工序	工步	操作内容	主要工具

◇评价与分析◇

活动过程评价表

班级： 姓名： 学号： 年 月 日

评价项目及标准		分数	自我评价（10%）	小组评价（30%）	教师评价（60%）
操作技能	1. 拆装工具的正确规范使用	10			
	2. 动手能力强，理论联系实际，善于灵活应用	10			
	3. 拆装的速度	10			
	4. 掌握减速器检测及调整能力	20			
	5. 判断是否需要调整的方法、方式	10			
实习过程	1. 安全文明操作情况 2. 平时出勤情况 3. 是否按教师要求进行 4. 每天对工具的整理、保管及场地卫生清扫情况	20			
情感态度	1. 师生互动 2. 良好的劳动习惯 3. 组员的交流、合作 4. 实践动手操作的兴趣、态度、积极性	20			
小计		100	__×0.1=__	__×0.3=__	__×0.3=__

续表

	总计		
工件检测得分		综合测评得分	
简要评述			

等级评定：

A：优（10）　　　B：好（8）　　　C：一般（6）　　　D：有待提高（4）

任课教师签字：_____

活动过程教师评价量表

班级		姓名		学号		日期	月　日	配分	得分
教师评价	劳保用品穿戴	严格按《实习守则》要求穿戴好劳保用品						5	
	平时表现评价	1.出勤情况 2.纪律情况 3.工作态度 4.任务完成质量 5.良好的习惯，岗位卫生情况						15	
	综合专业技能水平	基本知识	1.熟悉减速器结构　　2.熟练查阅资料 3.检测及调整的原则　　4.工具量的使用					20	
		操作技能	1.熟练使用工量具对减速器进行检测及调整 2.能对减速器进行检测及调整 3.调整质量能达到精度要求					30	
	情感态度评价	1.互动与团队合作 2.良好的劳动习惯，注重提高自己的动手能力 3.实践动手操作的兴趣、态度、主动积极性						10	
自评	综合评价	1.组织纪律性，遵守实习场所纪律及有关规定 2."7S"执行情况 3.专业基础知识与专业操作技能的掌握情况						10	
互评	综合评价	1.组织纪律性，遵守实习场所纪律及有关规定 2."7S"执行情况 3.专业基础知识与专业操作技能的掌握情况						10	
合　计								100	
建议									

◇**知识链接**◇

减速器相关艺知识

一、减速器的结构

图 4-45 所示为减速器的结构。

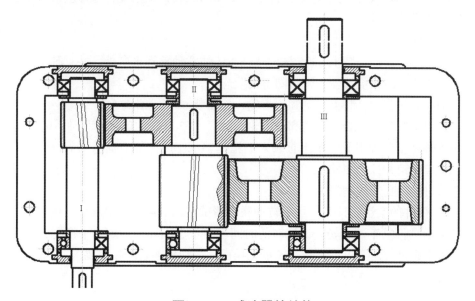

图 4-45　减速器的结构

　　减速器的运动由联轴器传到轴Ⅰ（输入轴），通过一对斜齿轮啮合，把运动传动到轴Ⅱ上，再通过一对斜齿轮啮合，把运动传动到轴Ⅲ（输出轴）上。

二、减速器的装配技术要求

　　（1）零件和组件必须正确安装在规定位置，不得入图样未规定的垫圈、衬套等零件。

　　（2）固定联接必须保证连接可靠。

　　（3）旋转机构必须灵活，轴承间隙合适，各密封处不得有漏油现象。

　　（4）齿轮副的啮合侧隙及接触斑痕必须达到规定的技术要求。

　　（5）润滑良好，运转平稳，噪声要小于规定值；

　　（6）部件在达到热平衡时，润滑油和轴承的温度不得超过规定的要求；

三、减速器的装配工艺

　　（1）部件装配的主要工作是对零件的清洗、整形和补充加工，零件的预装、组装和调整。

（2）零件的清洗、整形是对所装配零件的防锈油、锈污、残留切屑和铸件残存的型砂等异物进行清洗；修锉箱盖、轴承盖等铸件的非加工表面，使其外形与箱体衔接光滑；对装配零件进行去毛刺、倒钝锐边，修整在工序运转中因磕碰而产生的损伤；对箱体内部清理后，应涂刷淡色底漆。

（3）装配零件补充加工：包括轴承端盖与轴承座、箱盖与箱体等连接螺孔的划线、钻孔、攻螺纹等。

（4）零件的预装：为了保证部件装配工作的顺利，某些配合零件应进行试装，待配合达到要求后再拆下。

组件装配如下：

①轴组Ⅰ的装配：装上 6305 深沟球轴承（注意轴承标记向外，并且轴上加一点润滑油），并装上前轴承端盖（密封圈不要装忘）。

②轴组Ⅱ的装配：装上平键和斜齿轮，然后装 6305 深沟球轴承。

③轴组Ⅲ的装配：装上平键和斜齿轮、轴套、6209 深沟球轴承和轴承前端盖。

④将轴组Ⅰ、轴组Ⅱ、轴组Ⅲ装入下箱体轴承座内，装上轴承端盖，然后合上上箱盖，装定位销并拧紧螺栓。

⑤通过注油孔加注润滑油。

（5）部件的空运转试车。用手转动联轴器试转，一切符合要求后，接通电源，用电动机带动进行空车试运转。试运转的时间不少于 30 min，达到热平衡时，轴承温度及温升值不超过规定要求，齿轮和轴承无噪声，达到各项装配技术要求。

学习活动 4　工作小结

◇学习目标◇

1. 能清晰、合理地撰写总结。
2. 能有效进行工作反馈与经验交流。

◇学习过程◇

一、学习准备

任务书、数据的对比分析结果、电脑。

二、引导问题

1. 请简单写出本次工作任务中的安全注意事项。

2. 学习本次工作任务有何收获？

3. 写出本次学习任务过程中存在的问题，并提出解决方法。

4. 写出你认为本次学习任务中你做得最好的一项或几项内容。

5. 完成工作总结，提出改进意见。

典型工作任务五 水泵的装配与调整

◇学习目标◇

1. 能合理地选用并熟练规范地使用拆装工具。
2. 能熟练地对水泵进行拆装与调整。

◇工作流程与活动◇

学习活动 1 接受任务，制定拆装计划（6 学时）
学习活动 2 拆装前的准备工作（2 学时）
学习活动 3 水泵的装配与调整（10 学时）
学习活动 4 工作小结（2 学时）

◇学习任务描述◇

　　学生在接受拆装任务后，查阅信息单，做好拆装前准备工作，包括查阅水泵说明书，准备工具、清洗剂、标识牌，并做好安全防护措施。通过分析水泵结构，要求学生理解拆装任务，制定合理的拆装计划，分析制定拆装工艺，确定拆卸顺序。拆卸过程中，清理、清洗、规范放置各零部件。在工作过程中严格遵守拆装、搬运、用电、消防等安全规程要求，工作完成后按照现场管理规范清理场地、归置物品，并按照环保规定处置废油、废液等废弃物。

◇任务评价◇

序号	学习活动	评价内容					占比
		活动成果（40%）	参与度（10%）	安全生产（20%）	劳动纪律（20%）	工作效率（10%）	
1	接受任务，制定拆装计划	查阅信息单	活动记录	工作记录	教学日志	完成时间	10%

续表

序号	学习活动	评价内容					占比
		活动成果（40%）	参与度（10%）	安全生产（20%）	劳动纪律（20%）	工作效率（10%）	
2	拆装前的准备工作	工量具、设备清单水泵的拆装	活动记录	工作记录	教学日志	完成时间	20%
3	水泵的装配与调整	水泵的拆装	活动记录	工作记录	教学日志	完成时间	40%
4	工作小结	总结	活动记录	工作记录	教学日志	完成时间	10%
总计							100%

学习活动1　接受任务，制定计划

◇学习目标◇

1. 能接受任务，理解任务要求。
2. 能遵守单级单吸离心泵的拆装规程。
3. 能明白单级单吸离心泵的结构和工作原理及相关知识。

◇学习过程◇

一、学习准备

单级单吸离心泵说明书、任务书、机修实训手册、设备安全操作规程。

二、引导问题

图5-1、图5-2为单级单吸离心泵实物图及装配图。

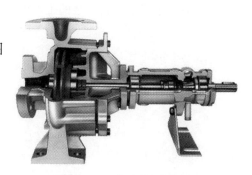

图 5-1　离心泵实物图

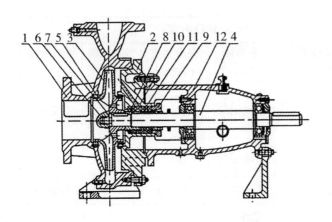

1	泵体
2	泵盖
3	叶轮
4	轴
5	密封环
6	叶轮螺母
7	止动垫圈
8	轴套
9	填料压盖
10	填料环
11	填料
12	悬架轴随部件

图 5-2　离心泵装配图

1. 根据实物图及图纸装配图，填写下表。

名称	材料	用途
叶轮螺母		
叶轮		
轴套		
填料压盖		
填料环		
填料		

2. 写出单级单吸离心泵滚动轴承的形号。

3. 分析单级单吸离心泵的工作原理。

4. 简述真空上吸与离心泵工作原理的关系。

5．由工作原理解释为何离心泵工作时需要加注引水。

6．分组学习各项操作规程和规章制度，小组摘录要点做好学习记录。

7．根据你的分析，安排工作进度。

序号	开始时间	结束时间	工作内容	工作要求	备注

8．根据小组成员特点完成下表。

小组成员名单	成员特点	小组中的分工	备注

9．小组讨论记录

◇**温馨提示**◇

小组记录需要：记录人、主持人、日期、内容等要素。

学习活动 2 拆装前的准备工作

◇学习目标◇

1. 能写出拆装前的准备工作内容。
2. 认识单级单吸离心泵拆装工作中所需的工具及设备。

◇学习过程◇

一、学习准备

单级单吸离心泵说明书、任务书、机修实训手册、设备安全操作规程。

二、引导问题

1. 机械拆卸的原则是什么？

2. 装配之前需要掌握的几个问题。
（1）装配前的准备工作有哪些？

（2）常用的零件清洗液有哪几种？各用在何种场合？

（3）装配时常用的工具有哪些？

3. 写出下列图片的名称及作用。

图片	名称	作用

4. 试述折装的注意事项。

学习活动 3 水泵的装配与调整

◇学习目标◇

1. 能按照"7S"管理规范实施作业。
2. 能合理地选用并熟练、规范地使用拆装工具及设备。
3. 能熟练地对单级单吸离心泵进行拆装。

◇学习过程◇

一、学习准备

单级单吸离心泵说明书、拆装工具及设备、"7S"管理规范。

二、引导问题

1. 试述拆装单级单吸离心泵的工艺。

2. 机械装配的常用方法有哪些？在单级单吸离心泵装配时，你用到了哪些方法？

3. 简述螺钉的拧紧顺序。

◇**评价与分析**◇

活动过程评价表

班级：　　　　姓名：　　　　学号：　　　　　　年　　月　　日

评价项目及标准		分数	自我评价（10%）	小组评价（30%）	教师评价（60%）
操作技能	1. 拆装工具的正确、规范使用	10			
	2. 动手能力强，理论联系实际，善于灵活应用	10			
	3. 拆装的速度	10			
	4. 掌握单级单吸离心泵的结构及拆装顺序的能力	20			
	5. 判断是否需要调整的方法、方式	10			
实习过程	1. 安全文明操作情况 2. 平时出勤情况 3. 是否按教师要求进行 4. 每天对工具的整理、保管及场地卫生清扫情况	20			
情感态度	1. 师生互动情况 2. 良好的劳动习惯 3. 组员的交流、合作 4. 实践动手操作的兴趣、态度、积极性	20			
小计		100	＿×0.1=＿	＿×0.3=＿	＿×0.3=＿
总计					
工件检测得分			综合测评得分		
简要评述					

等级评定：

A：优（10）B：好（8）C：一般（6）D：有待提高（4）

任课教师签字：＿＿＿＿＿＿＿＿

活动过程教师评价量表

班级		姓名		学号		日期	月 日	配分	得分
教师评价	劳保用品穿戴	严格按《实习守则》要求穿戴好劳保用品						5	
	平时表现评价	1. 出勤情况 2. 纪律情况 3. 工作态度 4. 任务完成质量 5. 良好的习惯，岗位卫生情况						15	
	综合专业技能水平	基本知识	1. 熟悉单级单级离心泵结构　　2. 熟练查阅资料 3. 拆装工作的原则　　4. 工具的使用					20	
		操作技能	1. 熟练使用所用的工具 2. 能对单级单吸离心泵进行拆装 3. 装配质量能达到精度要求					30	
	情感态度评价	1. 互动与团队合作 2. 良好的劳动习惯，注重提高自己的动手能力 3. 实践动手操作的兴趣、态度、积极性						10	
自评	综合评价	1. 组织纪律性，遵守实习场所纪律及有关规定 2. "7S"执行情况 3. 专业基础知识与专业操作技能的掌握情况						10	
互评	综合评价	1. 组织纪律性，遵守实习场所纪律及有关规定 2. "7S"执行情况 3. 专业基础知识与专业操作技能的掌握情况						10	
合　计								100	
建议									

学习活动 4　工作小结

◇学习目标◇

1. 能清晰、合理地撰写总结。
2. 能有效进行工作反馈与经验交流。

◇学习过程◇

一、学习准备

任务书、纸、笔、电脑。

二、引导问题

1. 请简单写出本次工作总结的提纲。

2. 写出工作总结的组成要素及格式要求。

3. 写出本次学习任务过程中存在的问题，并提出解决方法。

4. 写出本次学习任务中你认为做得最好的一项或几项内容。

5. 完成工作总结，提出改进意见。

◇**知识链接**◇

一、泵的基础知识

1. 泵的概念

输送液体或使液体增压的机械通称为泵。泵将原动机的机械能转变为被输送液体的动能和压力能。

2. 泵可以输送的液体

泵可以输进的液体包括水、油、酸碱液、乳化液、悬浮液和液态金属，也可输送液体、气体混合物以及含悬浮固体的液体。

3. 泵的分类

（1）叶片式泵：依靠快速旋转的叶轮对液体的作用力将机械能传到液体，使动能和压力能增加，在通过泵壳时，将大部分动能转变为压力能而实现输送。叶片式泵有离心泵、混流泵、轴流泵、旋流泵。

（2）容积式泵：依靠工作元件在泵缸内作往复或回转运动使容积交替增大或缩小，实现流体的吸入或排出，工作元件作往复运动的容积式泵称为往复泵，工作元件作回转运动的称为回转泵。

（3）喷射式泵：利用工作流体（液体或气体）的能量来输送液体，如射流泵。

二、离心泵

1. 离心泵

（1）离心泵：是叶片泵的一种，这种泵主要是靠叶轮旋转时叶片拨动液体旋转，使液体产生惯性离心力而工作的。

（2）离心力：指由于物体旋转而产生脱离旋转中心的力，也指在旋转参照系中的一种视示力。它使物体离开旋转轴，沿半径方向向外偏离，数值等于向心加速度但方向相反。

2. 离心泵的基本原理

离心泵在工作前，吸入管路和泵内首先要充满所输送的液体。当叶轮旋转时，叶片拨动叶轮内的液体，液体就能获得能量从叶轮内甩出。叶轮内甩出的液体经过泵壳、流道、扩散管再从排出管排出。与此同时，叶轮内产生真空，而吸入液面的液体通常在大气压的作用下，经过吸入管路压入叶中。图5-3所示为离心泵原理。

液体注满泵壳，叶轮高速旋转，液体在离心力作用下产生高速度，高速液体经过逐渐扩大的泵壳通道，动压头转变为静压头

图 5-3　离心泵原理

3. 离心泵的性能参数

（1）流量 Q：单位时间内所输送的体积流量，单位为 m³/s

（2）扬程 H：指单位质量液体通过泵所获得的能量以液柱高度形式表示的值，单位为 m。

（3）功率 P：通常指输入功率，即原动机的输出功率，又称轴功率，单位为 kW。

（4）效率 η：泵的效率是指有效功率 P_e 和轴功率 P 之比。

（5）允许吸上真空高度 H_s：泵在正常工作时，吸入口所允许的最大真空度，叫做允许吸入真空高度，用所输送液柱高度 H_s 表示，单位为 m。

4. 离心泵的分类

（1）按叶轮结构分。

1. 开式叶轮离心泵：叶片两侧没有盖板，适用于输送污浊液体如泥浆	
2. 半开式叶轮离心泵：叶轮吸入口一侧没有盖板（前盖板），只有后盖板，适用于输送有一定黏性、易沉淀或含有杂质的液体	
3. 闭式叶轮离心泵：叶片左右两侧都有盖板，用于输送无杂质的液体，如清水、轻油等	

（2）按泵的吸入方式分。

1.单吸式离心泵：液体从一侧进入叶轮，这种泵结构简单，制造容易，但叶轮两侧所受液体总压力不同，因而有一定的轴向推力	
2.双吸式离心泵：液体从两侧同时进入叶轮，这种泵结构复杂，制造困难，主要优点是流量大，减小了轴向推力。	

（3）按叶轮数目可分。

1.单级离心泵： 只有一个叶轮，扬程较低，一般不超过50~70 m；	
2.多级离心泵： 泵的转动部分（转子）由多个叶轮串联，泵的扬程随叶轮数的增加而提高，扬程最大可达2000 m。	

5. 离心泵的基本构造

离心泵的基本构造是由六部分组成的，分别是叶轮、泵体、泵轴、轴承、密封环及填料函，如图5-4所示。

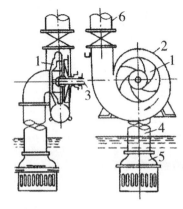

1—叶轮；2—泵壳；3—泵轴；4—吸入管；5—底阀；6—排出管

图 5-4　离心泵结构图

（1）叶轮。

叶轮是离心泵的核心部分。它转速高、出力大，叶轮上的叶片起到主要作用。叶轮在装配前要通过静平衡实验。叶轮上的内、外表面要求光滑，以减少水流的摩擦损失。

（2）泵体，也称泵壳。

泵体是泵的主体。它起到支撑、固定的作用，与安装轴承的托架相连接。

（3）泵轴。

泵轴的作用是借助联轴器与电动机相连接，将电动机的转距传给叶轮，所以它是传递机械能的主要部件。

（4）轴承。

轴承是套在泵轴上支撑泵轴的构件，有滚动轴承和滑动轴承两种。清水离心泵的轴承使用机油作为润滑剂，加油要到油位线。太多油会沿泵轴渗出，太少油轴承又会因过热烧坏而造成事故。在水泵运行过程中，轴承的温度最高在 85℃，一般运行在 60℃ 左右，如果温度过高就要查找原因（是否有杂质，油质是否发黑，是否进水）并及时处理。

（5）密封环，又称减漏环。

叶轮进口与泵壳间的间隙过大会造成泵内高压区的水经此间隙流向低压区，影响泵的出水量，效率降低；间隙过小会造成叶轮与泵壳摩擦产生磨损。为了增加回流阻力、减少内漏、延缓叶轮和泵壳的使用寿命，在泵壳内缘和叶轮外援结合处会装有密封环。密封的间隙保持在 0.25~1.10 mm 为宜。

（6）填料函。

填料函主要由填料、水封环、填料筒、填料压盖、水封管组成。填料函的作用主要是为了封闭泵壳与泵轴之间的空隙，不让泵内的水流到外面来，也不让外面的空气进入泵内，始终保持水泵内的真空状态。当泵轴与填料摩擦产生热量时就要靠水封管注水到水封圈内，使填料冷却，保持水泵的正常运行。所以，在水泵的运行巡回检查过程中，对填料函的检查是特别重要的。

三、IS（R）型单级单吸清水离心泵

1. IS（R）型单级单吸清水离心泵

IS（R）型单级单吸清水离心泵（如 5-5 图所示）采用国际标准 ISO2858 设计，是 BA 型水泵的更新换代产品，适用工业和城市给水、排水，亦可用于农业排灌。供输送清水、物理及化学性质类似清水的其他液体之用，温度不超过 80℃。

ISR 型热水泵适用于热水锅炉给水，热水循环系统，亦可用于工业和城市给水、排灌，但温度不超过 105℃。

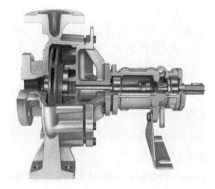

图 5-5　单级单吸轴向吸式离心泵展开图

2. 泵的标记

泵的标记如图 5-6 所示。

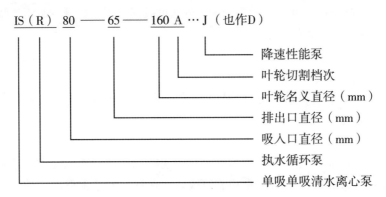

IS（R）80 —— 65 —— 160 A … J（也作D）

- 降速性能泵
- 叶轮切割档次
- 叶轮名义直径（mm）
- 排出口直径（mm）
- 吸入口直径（mm）
- 热水循环泵
- 单吸单吸清水离心泵

图 5-6　泵的标记

3. IS 单级单吸清水离心泵结构图

图 5-7 为单级单吸轴向吸式离心泵结构图。

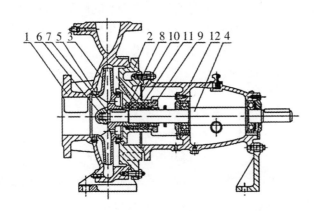

1	泵体
2	泵盖
3	叶轮
4	轴
5	密封环
6	叶轮螺母
7	止动垫圈
8	轴套
9	填料压盖
10	填料环
11	填料
12	悬架轴随部件

图 5-7　单级单吸轴向吸式离心泵结构图

4. 泵的装配与拆卸

泵在装配前应首先检查零件有无影响的装配缺陷，并擦洗干净，方可进行装配。

（1）预先将各处的连接螺栓、丝堵等分别拧紧在相应的零件上。

（2）预先将 O 型密封圈、纸垫、油封等分别放在相应的零件上。

（3）预先将密封环和填料环、填料压盖等依次装到泵盖内。热水泵可预先把水冷室环盖用两个胶圈与泵盖连接。

（4）将滚动轴承装到轴上，然后装到悬架内，再合上压盖，压紧滚动轴承，并在轴上套上挡水圈。

（5）将轴套装在轴上，再将泵盖装到悬架上，然后再将叶轮、止动垫圈、叶轮螺母等装上并拧紧。最后将上述组件装到泵体内，并拧紧泵体、泵盖上的连接螺栓。

在上述装配过程中，一些小件如平键、挡水圈、轴套内O型密封圈等容易遗漏或装错顺序，应特别注意。

5. 水泵选用时的注意事项

（1）选用水泵的流量应小于水井或其他水源的正常产水量，并适当考虑枯水季节。

（2）选用水泵的扬程应按实际需要，并考虑水泵的管路损失。

（3）选用水泵时应考虑输送液体的温度，要小于规定的温度值。

（4）选用水泵时应考虑水泵的安装高度，即被吸液面至水泵轴线的垂直距离，要小于水泵规定的高度。

6. 水泵的启动、运转、停止及保养

（1）启动。

①启动前检查泵的转动是否灵活，电机的旋转方向是否正确。

②向悬架内注入轴承润滑油，观察油位应在油标的两刻度线之间。

③若为热水泵，应接好水冷系统。

④关闭吐出管路上的闸阀和仪表。

⑤向泵内注满所输送的液体或用真空泵引水。

⑥接通电源，当泵达到正常转速后，再逐渐打开吐出管路上的闸阀和仪表，并调节到所需要的工作状态（泵最好能在规定的工作状态下运行，以保证泵在最高效率点附近长期运转，以达到最好的节能效果）

⑦在吐出管路的闸阀处于关闭的情况下，泵的连续工作时间不得超过3 min。

（2）运转。

①在开车及运转过程中，必须注意观察检仪表读数，轴承发热、填料漏水、发热及泵的振动和杂音等是否正常，如果发现异常，应及时处理。

②轴承的最高温度不大于80℃，轴承温度不得超过周围温度40℃。

③填料正常，漏水应该是少量均匀的，以每分钟一般不超过60滴为宜。

④轴承油位应保持在正常位置上，不能过高或过低，过低时应及时补充润滑油。

⑤如密封环与叶轮配合部位的间隙磨损过大时，应更换新的密封环。

（3）停止。

逐渐关闭吐出管路上的闸阀及仪表，然后切断电源。

（4）保养。

①泵在工作的第一个月内，经运转100 h后更换润滑油，以后每隔500 h换油一次。

②在运转过程中，应经常调整填料的松紧程度，保证漏水正常。

③定期检查泵的轴承、密封环和轴套的磨损情况，如发现磨损过大时应及时跟换。

④泵在环境温度低于0℃的情况下停车时，应将泵体内的液体通过泵体底部的丝堵孔放掉，以防冻裂泵体。

⑤泵长期停止使用时，须将泵全部拆开，并经清洗、上油后包装保管。

7. 离心泵故障原因及解决方法

表5-1为离心泵故障原因及解决方法。

表 5-1　离心泵故障原因及解决方法

故障	原因	方法
水泵不吸水，压力表及真空表的指针激烈跳动	1. 开车前泵内灌水不够 2. 吸入管或仪表漏气 3. 吸入口没有浸在水中	1. 停车，再往泵内灌满水 2. 找到漏气处并拧紧 3. 降低吸水口，使之浸入水中
水泵不吸水，真空表显示高度真空	1. 底阀没有打开或已淤塞 2. 吸水管的阻力太大 3. 吸水高度太高 4. 吸水部分浸没深度不够	1. 检修清洗或更换底阀 2. 清洗或更换吸水管路 3. 降低吸水高度 4. 增加吸水部分浸没深度
压力表显示有压力，但泵不出水	1. 出水管路阻力太大 2. 旋转方向不对 3. 叶轮流道堵塞 4. 转速不够	1. 检修及缩短出水管路 2. 检查电机旋转方向 3. 取下进水管接头，清理叶轮流道 4. 增加水泵转速至额定要求
流量不够	1. 水泵堵塞 2. 叶轮和泵体之间磨损间隙过大 3. 出水闸阀开得过小或管路漏水 4. 转速低于规定值	1. 清洗水泵及吸水管路 2. 跟换叶轮，调整间隙 3. 适当开启闸阀，检修漏水处或更换水管 4. 调整至额定转速
泵转动过程中消耗功率过大	1. 转子与固定件之间擦碰 2. 轴承部分磨损或损坏 3. 流量过大	1. 检查原因，消除擦碰 2. 更换损坏的轴承 3. 减少流量
泵内声音异常，泵不上水	1. 吸水管阻力过大 2. 吸水高度过高 3. 在吸入管处有空气进入 4. 所输送液体温度过高。 5. 流量过大	1. 清理吸水管路及底阀 2. 降低吸水高度 3. 检修漏气处 4. 降低吸水温度 5. 关小出水管路闸阀及降低流量
泵轴过热	1. 润滑油不足 2. 泵轴与电机轴不在同一中心线上 3. 无冷却水	1. 添加润滑油 2. 校正泵轴及电机轴，使之在同一中心线上 3. 通入冷却水
水泵振动不正常	1. 泵发生气蚀 2. 泵轴与电机不在同一中心线上 3. 地脚螺栓松动	1. 调节出水闸阀，使之在规定性能范围运转 2. 校正泵轴及电机轴，使之在同一中心线上 3. 拧紧地脚螺栓

典型工作任务六　单缸（**JD170** 型）柴油机的装配与调整

◇**学习目标**◇

1. 理解 JD170 型柴油机的结构及工作原理。
2. 能合理地选用并熟练规范地使用拆装工具。
3. 能熟练地对 JD170 型柴油机进行拆装。
4. 能认真分析、解决拆装中出现的技术问题。

◇**工作流程与活动**◇

学习活动 1　接受任务，制定拆装及调试计划（4 学时）
学习活动 2　拆装前的准备工作（4 学时）
学习活动 3　JD170 型柴油机的拆装（16 学时）
学习活动 4　JD170 型柴油机气门间隙的调整（6 学时）
学习活动 5　工作小结（4 学时）

◇**学习任务描述**◇

　　学生在接受拆装任务后，查阅信息单，做好拆装前的准备工作，包括查阅 JD170 型柴油机结构，准备工具、量具、清洗剂、标识牌，并做好安全防护措施。通过分析 JD170 型柴油机的结构，要求学生理解拆装任务，制定合理的拆装计划，分析制定拆装工艺，确定拆卸顺序，完成 JD170 型柴油机的拆装及零部件的拆卸。拆卸过程中，清理、清洗、规范放置各零部件，使用合理的检测方法正确检验 JD170 型柴油机拆装的正确性。在工作过程中，严格遵守起吊、拆装、搬运、用电、消防等安全规程要求。工作完成后，按照现场管理规范清理场地、归置物品，并按照环保规定处置废油、废液等废弃物。

◇学习评价◇

序号	学习活动	评价内容					比例
		活动成果 （40%）	参与度 （10%）	安全生产 （20%）	劳动纪律 （20%）	工作效率 （10%）	
1	接受任务，制定拆装及调试计划	查阅信息单	活动记录	工作记录	教学日志	完成时间	10%
2	拆装前的准备工作	工量具、设备清单	活动记录	工作记录	教学日志	完成时间	30%
3	JD170 型柴油机的拆装	JD170 型柴油机的拆装	活动记录	工作记录	教学日志	完成时间	40%
4	JD170 型柴油机气门间隙的调整	气门间隙检测	活动记录	工作记录	教学日志	完成时间	10%
5	工作小结	总结	活动记录	工作记录	教学日志	完成时间	10%
总计							100%

学习活动 1   接受任务，制定拆装及调试计划

◇学习目标◇

1. 能接受任务，理解任务要求。
2. 能遵守设备拆装与检测操作规程。
3. 能制定拆装与检测工艺。

◇学习过程◇

一、学习准备

JD170 型柴油机使用说明书、任务书、教材。

二、引导问题

1. 根据实物图（见图 6-1），写出 JD170 型柴油机的总体构造及各组成部分的作用。

图 6-1 JD170 型柴油机
实物图

2．写出 JD170 型柴油机的工作过程和工作原理。

3．分组学习各项操作规程和规章制度，小组摘录要点，做好学习记录。

4 根据你的分析，安排工作进度。

序号	开始时间	结束时间	工作内容	工作要求	备注

5．根据小组成员特点完成下表。

小组成员名单	成员特点	小组中的分工	备注

6．小组讨论记录。

◇温馨提示◇

小组记录需要：记录人、主持人、日期、内容等要素。

学习活动 2　拆装前的准备工作

◇学习目标◇

1. 能写出拆装前的准备工作内容。
2. 能熟悉 JD170 型柴油机的结构及工作原理。
3. 能认知 JD170 型柴油机拆装工作中所需的工具、量具及设备。

◇学习过程◇

一、学习准备

JD170 型柴油机说明书、任务书、教材。

二、引导问题

1. 机械拆卸的原则是什么？

2. 装配之前需要掌握的几个问题。
（1）装配前的准备工作有哪些？

（2）常用的零件清洗液有哪几种？各用在何种场合？

（3）装配时常用的工具有哪些?

3. 列出你所需要的工量具，填入下表。

序号	名称	规格	精度	数量	用途
1					
2					
3					
4					
5					
6					
7					

学习活动3　JD170 柴油机的拆装

◇学习目标◇

1. 能按照生产管理规范实施作业。
2. 能合理地选用并熟练规范地使用拆装工具及设备。
3. 能熟练地对 JD170 柴油机进行拆装。

◇学习过程◇

一、学习准备

JD170 柴油机说明书、拆装用工量具及设备、生产管理规范。

二、引导问题

1. JD170 柴油机拆装时需要注意哪些事项？

2. 应怎样取出活塞连杆组件？

3. 曲轴与凸轮轴上有 2 盘轴承，它们的型号名称各是什么？都承受怎样的力？

4. 机械装配的常用方法有哪些？在曲轴装配时你用到了哪些方法？

5. 按照工序及工步的方式，总结出 JD170 柴油机的拆装步骤。

工序	工步	操作内容	主要工具

◇评价与分析◇

活动过程评价表

班级：　　　　姓名：　　　　学号：　　　　　　　　年　　月　　日

评价项目及标准		分数	自我评价（10%）	小组评价（30%）	教师评价（60%）
操作技能	1. 拆装工具的正确、规范使用	10			
	2. 动手能力强，理论联系实际，善于灵活应用	10			
	3. 拆装的速度	10			
	4. 掌握 JD170 柴油机的结构及拆装顺序的能力	20			
	5. 检测方法	10			
实习过程	1. 安全文明操作情况 2. 平时出勤情况 3. 是否按教师要求进行 4. 每天对工具的整理、保管及场地卫生清扫情况	20			
情感态度	1. 师生互动 2. 良好的劳动习惯 3. 组员的交流、合作 4. 实践动手操作的兴趣、态度、积极性	20			
小计		100	__×0.1=_	__×0.3=_	__×0.3=_
总计					
工件检测得分			综合测评得分		
简要评述					

等级评定：

A：优（10）　B：好（8）　C：一般（6）　D：有待提高（4）

任课教师签字：＿＿＿＿＿＿＿＿＿＿

活动过程教师评价量表

班级		姓名		学号		日期	月　日	配分	得分
教师评价	劳保用品穿戴	严格按《实习守则》要求穿戴好劳保用品						5	
	平时表现评价	1. 出勤情况 2. 纪律情况 3. 工作态度 4. 任务完成质量 5. 良好的习惯，岗位卫生情况						15	
	综合专业技能水平	基本知识	1. 熟悉 JD170 柴油机的结构　2. 熟练查阅资料 3. 拆装工作的原则　　　　　4. 工具量的使用					20	
		操作技能	1. 熟练使用 JD170 柴油机拆装所用的工量具 2. 能对 JD170 柴油机进行拆装 3. 装配质量能达到精度要求					30	
	情感态度评价	1. 互动与团队合作 2. 良好的劳动习惯，注重提高自己的动手能力 3. 实践动手操作的兴趣、态度、积极性						10	
自评	综合评价	1. 组织纪律性，遵守实习场所纪律及有关规定 2. "7S" 执行情况 3. 专业基础知识与专业操作技能的掌握情况						10	
互评	综合评价	1. 组织纪律性，遵守实习场所纪律及有关规定 2. "7S" 执行情况 3. 专业基础知识与专业操作技能的掌握情况						10	
合计								100	
建议									

学习活动 4　JD170 柴油机气门间隙的调整

◇学习目标◇

1. 能对 JD170 柴油机气门间隙进行调整。
2. 掌握量、检、工具的使用方法。

◇学习过程◇

一、学习准备

JD170 柴油机说明书、检测用工、量具及设备。

二、引导问题

1. 确定工具和量具，填入下表。

	名称	规格	数量	作用	备注
工具及量具					
其他					

2. 气门间隙过大、过小对发动机有什么影响？应如何进行调整？

3. 画出配气相位图，并简述配气相位的概念。

◇**评价与分析**◇

活动过程评价表

班级：　　　　姓名：　　　　学号：　　　　　　年　月　日

评价项目及标准		分数	自我评价（10%）	小组评价（30%）	教师评价（60%）
操作技能	1. 拆装工具的正确、规范使用	10			
	2. 动手能力强，理论联系实际善于灵活应用	10			
	3. 检测的速度	10			
	4. 熟悉质量分析、结合实际、提高自己综合实践能力	10			
	5. 检测的准确性。	20			
	6. 通过检测，能对JD170柴油机气门间隙进行调整	10			
实习过程	1. 安全文明操作情况 2. 平时出勤情况 3. 是否按教师要求进行 4. 每天对工具的整理、保管及场地卫生清扫情况	20			
情感态度	1. 师生互动情况 2. 良好的劳动习惯 3. 组员的交流、合作情况 4. 实践动手操作的兴趣、态度、积极性	20			
小计		100	_×0.1=_	_×0.3=_	_×0.3=_
总计					
工件检测得分		综合测评得分			
简要评述					

等级评定：

A：优（10） B：好（8） C：一般（6） D：有待提高（4）

任课教师签字：＿＿＿＿＿＿＿＿

活动过程教师评价量表

班级			姓名		学号		日期	月　日		配分	得分
教师评价	劳保用品穿戴	严格按《实习守则》要求穿戴好劳保用品								5	
	平时表现评价	1. 出勤情况 2. 纪律情况 3. 工作态度 4. 任务完成质量 5. 良好的习惯，岗位卫生情况								15	
	综合专业技能水平	基本知识	1.JD170 柴油机气门间隙过大、过小对发动机的影响 2. 熟悉 JD170 柴油机气门间隙的调整方法 3. 检测工量具的使用							20	
		操作技能	能对 JD170 柴油机气门间隙进行调整							30	
	情感态度评价	1. 互动与团队合作 2. 良好的劳动习惯，注重提高自己的动手能力 3. 实践动手操作的兴趣、态度、积极性								10	
自评	综合评价	1. 组织纪律性，遵守实习场所纪律及有关规定 2. "7S" 执行情况 3. 专业基础知识与专业操作技能的掌握情况								10	
互评	综合评价	1. 组织纪律性，遵守实习场所纪律及有关规定 2. "7S" 执行情况 3. 专业基础知识与专业操作技能的掌握情况								10	
合　计										100	
建议											

学习活动 5　工作小结

◇**学习目标**◇

1. 能清晰合理地撰写总结。
2. 能有效进行工作反馈与经验交流。

◇**学习过程**◇

一、学习准备

任务书、数据的对比分析结果。

二、引导问题

1. 请写出本次工作中的安全注意事项。

2. 写出本次学习任务过程中存在的问题并提出解决方法。

3. 写出本次学习任务中你认为做得最好的一项或几项内容。

4. 完成工作总结，提出改进意见。

◇**知识链接**◇

一、JD170型柴油机的拆装与调整

1. 气缸盖总成的拆卸

1.拆下高压油管组件	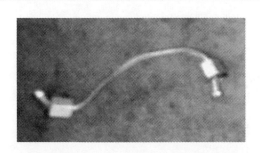
2.拆下空气滤清器总成及消声器总成	
3.拆下喷油器压紧螺母，取出喷油器总成	
4.拆下摇臂部件，取出气门推杆	

续表

5.按对角线顺序交替拧下气缸盖螺母，卸下气缸盖	

6.压缩气门弹簧，取出气门锁片、气门弹簧座、气门弹簧和气门。

2. 油箱和水箱的拆卸

1. 拔出喷油泵端的输油管，放尽燃油或将油管放置于高于油箱内油面的位置，拔出回油管 2. 拆下水箱上的加水漏斗 3. 拆下水箱与机体的连接螺栓 4. 取下水箱和油箱	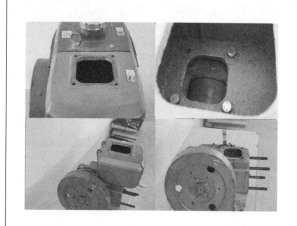

3. 齿轮室盖和调速机构的拆卸

1.拧下放油螺栓，放尽机油 2.拆下齿轮室盖部件及侧盖板件	
3.将调速弹簧与调速杠杆连接臂脱钩，拆下喷油泵，拆下调速杠杆及调速杠杆轴	

4. 活塞连杆总成的拆卸

1.拆下机体后盖板（活塞连杆箱侧盖），撬开连杆螺栓锁片，交替拧松，拧下连杆螺栓，取出连杆盖及连杆轴瓦	
2.从活塞连杆箱后盖处将活塞连杆和气缸套推出	
3.从气缸套中拉出活塞连杆组，随即将连杆盖和轴瓦一并装在连杆杆身上	

续表

4. 拆下活塞环，拆时两手均匀用力拉开环口，不得拉得过开；拆油环时，先取油环，在拿弹簧	

5. 拆下活塞销时，先取出两端卡环、挡圈后，再用沸水加热 3~5 min，轻轻敲出活塞销。

5. 飞轮的拆卸

1. 拆下 V 带轮后，撬开飞轮螺母锁片，用飞轮螺母扳手敲击拆出螺母	
2. 用顶拔器拉出飞轮或用拉马拉出	

3. 用 M5 的螺栓拉出平键

6. 曲轴的拆卸

1. 按顺序依次拆下轴承座的螺栓	
2. 在齿轮室一侧用硬木或铜棒敲出曲轴	

7. 凸轮轴的拆卸

1. 拆下凸轮轴正时齿轮一侧的止推螺钉	
2. 用硬木或铜棒将凸轮轴慢慢敲出	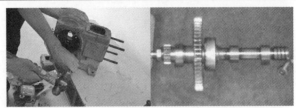
3. 从活塞连杆箱中取出气门挺住	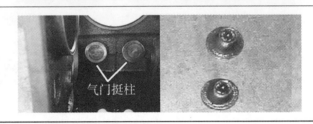

二、JD170 型柴油机的装配

JD170 型柴油机的装配基本上同拆卸顺序相反，原则上先拆的后装，后拆的先装，装配时要求注意以下几点：

（1）装配前，所有零件应用干净的汽油或柴油仔细清洗，凡有相对运动的表面均要涂上干净的机油。

（2）凸轮轴、活塞连杆的装配：将气门挺柱，涂上机油，装入活塞连杆箱孔内，再装入凸轮轴。活塞连杆总成装入活塞连杆箱时，应将活塞连杆上的正时记号和凸轮轴上的正时记号对齐（0—0），如图 6-2 所示。

图 6-2　凸轮轴上的正时记号

（3）装调速杠杆时，应必须将喷油泵的调节球头嵌入调速杠杆的 U 形槽内。

（4）安装活塞连杆组时，先将气缸套装入机体内，装配活塞环时，要求各环口相互错开一定的角度，并避开活塞销孔的位置；连杆大头和连杆盖上记号应对齐，不得装反；连杆大头的轴瓦必须与卡瓦槽对齐，不得装反；燃烧室导流槽方向必须与喷油器喷油口一致；连杆螺栓（螺母）必须拧到规定的扭力要求。

（5）装气缸盖时，必须对角线用力拧紧气缸盖螺母（见图6-3）。

图 6-3　气缸盖螺母

（6）装配好气门传动组件和气门组件后，转动飞轮，使进、排气门处于关闭，对正正时刻度线上的记号位置，松开气门间隙调整螺母，用塞尺检测气门间隙，对不合格的气门间隙进行调整，调整好后，拧紧螺母。

（7）安装燃油供给系统，喷油泵及喷油器，油箱加适量油，排空气，按柴油机运动方向慢慢转动飞轮，直到喷油管口面油刚刚波动为止。对齐正时刻度线上的上止点前 21~22 度，如不对齐，用加减喷油泵垫片调整好供油提前角。

（8）将空气滤清器总成、排气管和排气消声器总成安装在气缸盖上，检查各零部件的螺纹紧固情况，整机按工艺装配完成。

三、JD170 型柴油机气门间隙的调整

汽车发动机在使用过程中，由于配气机构某些零件的磨损或松动，会导致原有气门间隙的变化，因此一般行驶一万公里左右维护时，应检查和调整气门间隙（见图 6-4），使之符合技术规范。

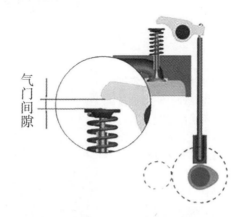

气门间隙

图 6-4　气门间隙

1. 原因

气门间隙过小时，虽然噪音小，但运转中会因气门受热膨胀而使气门关闭不严而

引起漏气，使气门和气门座口过热而被烧蚀。尤其是柴油机，如果气门间隙太小，还会导致汽缸压缩压力不足，从而降低发动机功率，严重时还会启动困难。同时，气门间隙过小还会导致可燃混合气燃烧不完全，从而使尾气排放中的碳氢含量明显增高。气门间隙过大，气门晚开早闭，不但工作噪音大，而且会造成进气不足和排气不净，出现活塞下行时，混合气仍在继续燃烧，使发动机（尤其排气歧管处）过热，降低了发动机的功率，增加了燃料的消耗。

2. 方法及步骤

1. 拆卸气门室罩盖	
2. 找到气缸上止点：转动飞轮，使飞轮刻度对正刻度线，同时进排气门均关闭	
3. 测量气门间隙：选出符合规格的塞规（进气门 0.20~0.25 mm；排气门 0.25~0.30 mm）插入气门杆与气门摇臂之间。稍微拉动塞规，如有轻微的阻力，表示间隙正确；若无阻力表示气门间隙不正确（间隙过大）	
4. 调整气门间隙：首先松开气门调整螺钉的固定螺帽，把规定厚度的塞规插入气门间隙处，一手抽拉塞规，同手转动调整螺钉，直到塞规稍微受到阻力为止。调整妥当之后，塞规插到气门间隙中央，调整螺钉保持不动，拧紧固定螺帽，锁紧调整螺钉。锁好螺钉后，再用塞规重新测量气门间隙（因为可能在锁紧时无意转动了调整螺钉，使气门间隙改变。如果气门间隙改变），应重新调整到正确为止	

四、JD170 型柴油机喷油压力的调整

1. 喷油压力过大过小的危害

出现喷油压力过高或过低现象时，应将喷油器拆开清洗，并进行相应的调试和修理。喷油压力调整得过高或过低，都会导致柴油机工作不稳定和功率不足，甚至导致燃烧室及活塞等零件的早期磨损。一般来说，喷油压力如果调整过低将使得喷油的雾化质量大大降低，柴油消耗量增加，且不易启动柴油机。即使能启动，因柴油机燃烧不完全，排气管会一直冒黑烟，喷油器针阀也容易积碳。如果喷油压力调整得过高，则易引起柴油机在工作时产生敲击声，并使功率降低，同时也容易使喷油泵柱塞偶件及喷油器早期磨损，有时还会把高压管胀裂。

2. 调整方法

调整喷油器喷油压力时，一般应在喷油压力试验台上进行。在无试验台的条件下，如果确认喷油泵技术状态基本正常，对喷油器开始喷油压力调整时，可采用经验法直接在车上进行调整。

（1）将被调整的喷油器装在与喷油泵相连的高压油管上，油门放在最大位置，减压摇车，按每分钟泵油 40~50 次控制转速。

（2）用螺丝刀将喷油器调整螺栓松退，调至弹簧不受压力，摇车几转，当喷油器有一股油流出时，再逐渐拧进调整螺栓。边摇车边观察喷油器的喷油情况，当出现“噗噗”的喷油声响时，喷出的油束开始雾化，这时喷油的压力为 5.88~7.84 MPa。

（3）再将调整螺栓拧进一圈，相当于使开始喷油压力增加 3.92 MPa，当听到“哧哧”的清脆喷油声响，喷出很细的油雾，并且连续喷射 20~30 次无滴油现象时，则喷油器的喷油压力约为 11.77 MPa。

（4）将调整螺栓的位置做个记号，拧进 1/2~1 圈再摇车，若喷雾情况没有发生变化，则可认为标记位置下喷油压力调整已大致正常；将调整螺栓退至原位，用锁紧螺母紧固锁紧即可。

如果有三通管和已校正好的喷油器，也可用三通管将被检查和已校正好的喷油器并联在喷油泵上。排除油路中的空气后，将油门置于最大供油位置，减压摇转曲轴，观察两个喷油器的喷油情况。如果同时喷油，说明压力正常；如果被检查的喷油器提前喷油，则说明喷油压力不足，应进行调整。松开调整螺栓的锁紧螺母，向内拧动调整螺栓，使调压弹簧预紧力增大，提高喷油压力，直至两个喷油器同时喷油为止，最后锁紧螺母。

五、JD170 型柴油机故障及排出

柴油机在长期使用期间，由于设备自身的磨损以及外界环境对设备的腐蚀，会使柴油机出现各种不正常的工作状态及故障。不同的故障，我们可以通过设备在此故障下的反映（故障现象），判断出引起故障的原因及位置，并通过维修的手段使设备恢复正常工作。下面列举了常见的故障及维修的方法。

1. 排烟不正常

故障现象	故障原因	排除（维修）方法
排气冒黑烟	1. "油多，空气少"，供油量过大，进、排气不畅通或压缩不良，使实际空气量减少，形成混合气过浓，燃烧不完全	清洗空气滤清器芯和清除消声器积炭，调整气门间隙
	2. 供油时间过迟，如供油提前角调整不当、驱动机构磨损都会使供油时间延迟，导致后燃现象加重、燃烧不完全、冒黑烟并伴随机温增高，排气"放炮"或夜间冒火，功率下降	供油提前应按规定进行调整
	3. 发动机长时间超负荷工作，造成转速降低，供油量过多（此时为校正油量），燃油不能完全燃烧而冒黑烟	应减轻负荷或低速行驶
	4. 喷油器喷雾质量不好或喷油压力过低，柱塞件磨损，都会使柴油雾化不良，混合气形成不好，燃烧不完全而冒黑烟	应调整喷油压力，并清洗喷油孔积炭
排气冒白烟	1. 燃油系统内有水进入	检查并清除油箱内积水
	2. 缸垫损坏或缸套漏水	修复缸垫或缸套，必要时应更换缸垫或缸套
	3. 喷油器工作不良造成喷油器滴油或喷油压力低	修复喷油器，必要时更换喷油器
排气冒蓝烟	1. 活塞和汽缸磨损严重或活塞环磨损严重	进行镗缸修复或更换新的活塞环
	2. 油环与环槽胶合失去刮油作用	更换新油环与环槽
	3. 机油太多	查看油尺，放掉多余的机油
	4. 活塞环装倒	正确安装活塞环
	5. 机体温过高，机油会不断蒸发	更换冷却水

2. 柴油机功率不足

柴油机功率不足的最根本原因是柴油在气缸内燃烧不完全、不彻底。

其主要原因有：①供油状况不佳，如雾化程度不良等；②空气供应不足；③油泵或相关传动部件有严重磨损或安装错误，特别是安装问题，经常被忽视。

（1）解决办法。

一台性能良好的柴油机，它的先决条件之一就是保证柴油和空气在一定压力下，定时、定量、均匀地进入气缸并进行完全燃烧。所以出现功率不足时，可分别按以下方法进行处理。

①喷油嘴雾化不良或针阀件卡滞。这是喷油嘴长期在高温、高压条件下工作严重

磨损和积炭所致。要解决这一问题，一是在使用中保持柴油的清洁；二是更换磨损、结炭严重的喷油嘴；三是正确调整喷油压力，轴针式喷油嘴调整到 11.76 MPa，加长式长针喷油嘴调整到 16.66~17.64 MPa，并保证其喷雾和射程合适。

②空气滤芯阻塞。由于柴油机长期在恶劣的环境中工作，尘土沉积在滤芯上，导致空气进入气缸受阻，进气量减少，燃烧不完全。要解决这一问题，应清洗或更换同一型号的空气滤芯。

③喷油泵严重磨损或安装错误。零件磨损可以通过调整间隙和更换磨损件来解决。而油泵安装错误将直接导致供油量失准，使空气与柴油的混合比例失调，因此在安装时要特别注意。

3. 柴油机启动困难

如果按照柴油机启动程序操作，连续 3 次以上都不能启动，甚至采取辅助手段，如向水箱内加热水、向进气管加机油、在进气口处点火助燃或两人协作合力摇车仍不能启动柴油机时，即可认为该柴油机发生启动困难故障。故障原因分析如下：

（1）压缩系统的故障。

缸套有裂纹或砂眼产生漏气；活塞环严重磨损漏气；活塞环胶粘卡死；活塞环开口重叠；缸套严重磨损；气缸垫破损；燃烧室镶块烧损、错位或脱落；启动喷孔偏斜或堵塞；代用件不合适，如缸垫过厚，造成压缩比减小等。

（2）配气机构的故障。

空气滤清器严重堵塞，充气量不够；排气管或消音器堵塞，排气不畅；减压不彻底造成转动不灵活；气门与气门座积炭、磨损造成密封不严；气门杆在导管内卡死；气弹簧折断；气门座圈松动、断裂；汽轮轴干涉挺柱底盘，使气门开闭不准时；气门间隙调整螺丝滑纹、松动等。

（3）燃油供给系统故障。

油路堵塞不供油；油路中有空气或水；燃油型号不对；喷油泵供油量小，低速时油门打不开；喷油压力或高或低；喷油器弹簧折断；油泵柱塞磨损；调速杠杆拨叉脚太低碰泵体，或太高嵌不住喷油泵柱塞凸炳；柱塞副与出油阀密封面之间有脏物；喷油泵弹簧折断；喷油器轴针卡死；喷油器喷孔堵塞、烧损、钢球失落；喷油器体密封面损坏；油泵定时齿轮安装错误等。

（4）调速系统故障。

滑盘式调速器钢球脱落或漏装；钢球外移卡住滑盘；调速器弹簧或调整螺钉松脱；飞锤式调速器飞块与销脱落；飞块与飞块座卡死；调速器轴磕碰弯曲，往复运动不灵活等。各运动副配合过紧，轴瓦烧蚀抱紧甚至咬死；活塞销与连杆衬套咬死；凸轮轴与其衬套咬死；启动轴与其衬套咬死；曲轴轴向间隙过小，曲轴与连杆大头的侧隙过小，造成热车启动困难等。

典型工作任务七　4100 型内燃机配气机构的装配与调整

◇学习目标◇

1. 理解 4100 型内燃机配气机构的结构。
2. 合理地选用并熟练规范地使用拆装工具。
3. 熟练地对 4100 型内燃机配气机构进行拆装。
4. 认真分析、解决拆装中出现的技术问题。

◇工作流程与活动◇

学习活动1　接受任务，制定拆装计划（6 学时）
学习活动2　拆装前的准备工作（6 学时）
学习活动3　内燃机配气机构的拆装（14 学时）
学习活动4　工作小结（4 学时）

◇学习任务描述◇

　　学生在接受拆装任务后，查阅资料，做好拆装前的准备工作，包括查阅 4100 型内燃机结构，准备工具、量具、清洗剂、标识牌，并做好安全防护措施。通过分析 4100 型内燃机的结构，要求学生理解拆装任务，制定合理的拆装计划，分析制定拆装工艺，确定拆卸顺序，完成配气机构的拆装及零部件的拆卸。拆卸过程中，清理、清洗、规范放置各零部件，使用合理的检测方法正确检验配气机构拆装的正确性。在工作过程中，严格遵守起吊、拆装、搬运、用电、消防等安全规程要求，工作完成后按照现场管理规范清理场地、归置物品，并按照环保规定处置废油、废液等废弃物。

◇**任务评价**◇

序号	学习活动	评价内容					占比
		活动成果（40%）	参与度（10%）	安全生产（20%）	劳动纪律（20%）	工作效率（10%）	
一	接受任务，制定拆装计划	查阅信息单	活动记录	工作记录	教学日志	完成时间	20%
二	拆装前的准备工作	工量具、设备清单	活动记录	工作记录	教学日志	完成时间	20%
三	内燃机配气机构的拆装	内燃机配气机构的拆装	活动记录	工作记录	教学日志	完成时间	50%
四	工作小结	总结	活动记录	工作记录	教学日志	完成时间	10%
总计							100%

学习活动 1　接受任务，制定计划

◇**学习目标**◇

1. 能接受任务，理解任务要求。
2. 能遵守设备拆装与检测操作规程。
3. 能制定拆装与检测工艺。

◇**学习过程**◇

一、学习准备

《发动机构造》教材、任务书、机修教材、学习用品。

二、引导问题

1. 写出下列名词的含义，并在图形中指出位置。

上止点		进气阀 排气阀 燃烧室 气缸 活塞 曲柄 连杆 R 曲轴旋转中心
下止点		
活塞行程		

2. 分析内燃机的构造，并简要说明各系统机构的作用。

3. 分析内燃机工作的原理。

4. 根据分析，安排工作进度。

序号	开始时间	结束时间	工作内容	工作要求	备注

5．根据小组成员的特点完成下表。

小组成员名单	成员特点	小组中的分工	备注

6．小组讨论记录。

◇**温馨提示**◇

小组记录需要：记录人、主持人、日期、内容等要素。

学习活动 2   拆装前的准备工作

◇学习目标◇

1. 能写出拆装前的准备工作内容。
2. 能熟悉内燃机配气机构的结构。
3. 能认识内燃机配气机构拆装中所需的工具、量具及设备。

◇学习过程◇

一、学习准备

任务书、机修教材、学习用品。

二、引导问题

1. 机械拆卸的原则是什么？

2. 装配前的准备工作有哪些？

3. 常用的零件清洗液有哪几种？各用在什么场合？

4. 列出你所需要的工量具，填入下表。

序号	名称	规格	精度	数量	用途
1					
2					
3					
4					
5					
6					
7					

学习活动 3　内燃机配气机构的拆装

◇学习目标◇

1. 能按照"7S"管理规范操作。
2. 能合理选用并熟练规范地使用拆装工具及设备。
3. 能熟练地对 4100 型内燃机配气机构进行拆装。

◇学习过程◇

一、学习准备

拆装工量具及设备、指导课本、"7S"管理规范

二、引导问题

1. 螺栓、螺母的拆装有何要求？

2. 根据图 7–1，分析内燃机配气机构工作过程（零件名称自行查找）。

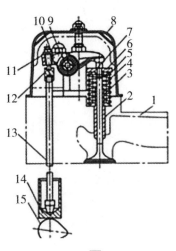

图 7–1

3．内燃机拆装过程中的注意事项有那些？

4．配气机构采用什么润滑方式？有什么特点？

5．在装配过程中为什么要注意"正时记号"对正？

6．按工序及工步，总结出内燃机的拆装步骤。

工序	工步	操作内容	使用工具	注意事项

◇评价与分析◇

活动过程评价表

班级： 姓名： 学号： 年 月 日

评价项目及标准		分数	自我评价（10%）	小组评价（30%）	教师评价（60%）
操作技能	1. 拆装工具的正确、规范使用	10			
	2. 动手能力强，理论联系实际，善于灵活应用	10			
	3. 拆装的速度	10			
	4. 掌握配气机构的结构及拆装顺序的能力	20			
	5. 检测方法	10			
实习过程	1. 工量具及设备的规范使用情况 2. 平时出勤情况 3. 拆装工作的顺序是否正确 4. 每天对工具的整理、保管及场地卫生清扫情况	20			
情感态度	1. 师生互动 2. 良好的劳动习惯 3. 组员的交流、合作 4. 实践动手操作的兴趣、态度、积极性	20			
小计		100	__×0.1=__	__×0.3=__	__×0.3=__
简要评述					

等级评定：

A：优（10） B：好（8） C：一般（6） D：有待提高（4）

任课教师签字：_____

活动过程教师评价量表

班级		姓名		学号		日期	月　日	配分	得分
教师评价	劳保用品穿戴	严格按《实习守则》要求穿戴好劳保用品						5	
	平时表现评价	1. 出勤情况 2. 纪律情况 3. 工作态度 4. 任务完成质量 5. 良好的习惯，岗位卫生情况						15	
	综合专业技能水平	基本知识	1. 熟悉内燃机的配气机构结构　　2. 熟练查阅资料 3. 拆装工作的原则　　　　　　　4. 工具量的使用					20	
		操作技能	1. 熟练使用工量具对内燃机配气机构进行拆装 2. 能对内燃机配气机构进行拆装 3. 装配质量能达到精度要求					30	
	情感态度评价	1. 互动与团队合作 2. 良好的劳动习惯，注重提高自己的动手能力 3. 实践动手操作的兴趣、态度、积极性						10	
自评	综合评价	1. 组织纪律性，遵守实习场所纪律及有关规定 2. "7S"执行情况 3. 专业基础知识与专业操作技能的掌握情况						10	
互评	综合评价	1. 组织纪律性，遵守实习场所纪律及有关规定 2. "7S"执行情况 3. 专业基础知识与专业操作技能的掌握情况						10	
合计								100	
建议									

学习活动4　工作小结

◇**学习目标**◇

1. 能清晰、合理地撰写总结。
2. 能有效进行工作反馈与经验交流。

一、学习准备

指导课本、任务书、数据对比结果。

二、引导问题

◇**学习过程**◇

1. 请简单写出本次工作中的安全注意事项。

2. 通过本次学习，对你的职业生涯有何帮助？

3. 写出本次学习任务过程中存在的问题并提出解决方法。

4. 写出本次学习任务中你认为做得最好的一项或几项内容。

5. 完成工作总结，提出改进意见。

◇**知识链接**◇

4100 型柴油发动机主要总成的装配工艺

一、曲轴的装配

（1）装挺柱时，在挺柱表面加适量机油，要求装配时挺柱靠自重下落。

（2）装堵片时，注意观察堵片"O"形圈走向，装配后"O"形圈不能发生剪切、断裂、卷边等，高度与机体后端面平齐或略低于机体后端面。

（3）按机型选择正确的凸轮轴，装配时在凸轮各轴颈及齿轮上加适量机油，然后装配到位，检查凸轮轴是否转动灵活。

（4）装机油泵传动齿轮合件，要求传动齿轮和机油泵为同一厂家；预紧、终紧上轴套盖螺栓，装配后检查传动齿轮是否转动灵活；机油泵传动齿轮间隙为 0.8 ± 0.2 mm。

（5）在第五道轴承盖上用专用夹具敲装定位销，高度要求为 2.1~2.4 mm。

（6）将轴承盖从机体上取下，按顺序、按方向摆放整齐，不能用铜棒敲落。

（7）检查轴承盖、轴承座及配合面是否清洁。

（8）装轴瓦时，分清上、下瓦，宽、窄瓦，并保证卡瓦槽对正装配，然后用毛巾擦干净轴瓦表面，并加适量机油。

（9）选择清洁干净且符合状态要求的曲轴装机，并在各轴颈及止推片槽内加适量机油。

（10）将轴承盖按顺序方向装到机体上，用铜棒敲装到位，保证卡瓦槽方向一致。

（11）装止推片时，保证带油槽面靠曲轴两端面，并且充分定位。

（12）在主轴承螺栓上前 3~5 牙涂螺纹紧固胶。

（13）按先中间、后两边、对角紧的顺序，按拧紧主轴承螺栓扭力为 200~240 N·m 的方式拧紧螺栓，并转动曲轴，保证转动灵活无卡滞。

（14）装配完后，检查曲轴轴向间隙是否在 0.07~0.26 mm 内，若达不到，用铜棒轻轻敲击曲轴两端面。

二、总装活塞连杆总成及调整

（1）检查活塞分组是否与缸套一致，活塞总重量、连杆总重量、连杆大小头尺寸是否一致。

（2）在连杆瓦、活塞环部、裙部及活塞销与活塞及连杆配合处加适量机油。

（3）保证活塞燃烧室方向朝向喷油泵一侧，卡瓦槽方向向上，用专用滑套装配，并保证连杆连杆及连杆盖卡瓦槽方向一致。

（4）转动活塞环使机油充分润滑活塞环槽，同时转动各环开口，使角度相互错开 120°，并避开活塞销位置。

（5）先将活塞连杆轴颈位置转到一、四缸或二、三缸，将活塞装入。

（6）拧紧连杆螺栓，力矩为 100~140 N·m，并检查连杆大头轴向间隙，保证在 0.31~0.57 mm 范围内。

（7）转动活塞连杆 3~5 圈，保证转动灵活无卡滞。

●壳体的安装●

①根据指导书要求选择相应的壳体，并检查配合面是否清洁。用后油封导向套定位，对正圆柱销将壳体装配到位。然后检查后油封主副唇下不能有变形、剪切、翻边等现象，按顺序拧紧壳体螺栓。②普通型 70~110 N·m，特殊型 100~120 N·m。

●飞轮的安装●

根据活塞连杆编号，选择同编号飞轮装配。装配时检查各接触面，保证接触面清洁、无油污、杂质；选择正确的飞轮螺栓，保证保险片盖住定位销孔，按对角要求拧紧螺栓（拧紧力 100~140 N·m）；用专用工具将保险片翻边，并包紧螺栓六角头对边，同时转动飞轮，检查是否有卡滞。

●压盘的安装●

如图 1 所示，根据飞轮编号选择对应的压盘及摩擦片，注意摩擦片必须与压盘为同一厂家，同时擦净压盘与摩擦片的接触面，号码必须与飞轮号码同向；选择对应的花键轴定位，若有定位螺栓，必须先紧定位螺栓；活塞连杆、飞轮、离合器编号在同一条线上。

图 1

●正时安装及调整●

（1）装止推板时，要求有槽面向外，与凸轮轴不产生运动干涉。

（2）喷油口高度离前端平面 27 mm，喷油口应对准凸轮轴正时齿轮与提前器齿轮啮合线处。

（3）在各个轴颈部位加注机油润滑。

（4）装正时齿轮时，有记号的面向上，用夹具定位好后用铜棒敲击到位。

（5）装大泵底板纸垫，应检查是否完好。

（6）装大泵总成时，用铜棒敲击大泵底板到指定位置，定位准确，将大泵底板表面擦干净，将大泵底板螺栓紧固。

（7）装凸轮轴齿轮时，有记号面向上，用铜棒敲击（边敲边转）到位，将齿轮表面擦干净（注意键不能漏装）。

（8）装堕齿轮时，记号对齐，不能用铜棒敲击装入，应用手轻压放下堕齿轮。

图2

表1

正时齿轮记号装配核对	1. 按技术要求装配时规齿轮（正时齿轮），动作要领规范安全。 2. 装配校对，曲轴正时齿轮，凸轮轴正时齿轮，高压油泵正时齿轮，所有正时记号必须全部正确。

（9）在齿轮外圆表面加注机油，紧固提前器压紧螺栓（70~100 N·m），紧固凸轮轴、堕轮压板螺栓。（注：垫片光滑面应对轴端面，螺栓3~5牙涂螺纹紧固胶）

（10）装档油盘时，平面向内，装反会导致齿轮不能转动。

图3

（11）装正时齿轮室罩纸垫时，应检查是否完好。

（12）装正时齿轮室罩时，用夹具定位，将螺栓预紧，检查三结合面平面度小于 0.12 mm，用刮刀刮去纸垫多余部分，装油封，用夹具装不能出现断裂、卷边、抛毛。

（13）装皮带轮，用铜棒敲击，装配到指定位置，装启动爪，在 3~5 牙涂螺纹紧固胶，转动 2~3 圈，检查转动是否灵活，扭力是否为 200~230 N·m。

（14）装水泵纸垫、水泵，安装完后，检查皮带轮转动是否灵活。

三、总装缸盖总成及调整

（1）检查缸盖定位套是否装好，定位套高度为 6 mm。

（2）在气缸垫上双面涂适量机油。

（3）检查机体顶面、缸套内及活塞顶部是否有杂物，清除后将分装好的气缸盖组件（按机体状态号选择）按要求吊装到机体顶面（注意：用毛巾擦净缸盖底面）。

（4）紧小循环胶管时，注意检查胶管是否有裂纹，有裂纹的就必须更换。

（5）压缩余隙为 0.6~1.1 mm。

（6）将二、三道螺栓前端 3~5 牙涂螺纹紧固胶。

（7）在第一道螺栓孔的位置装工艺摇臂，按顺序拧紧螺栓，扭力为 160~200 N·mm。

（8）若用拧紧机拧紧后，还需用扭力扳手全部复紧。

表 7-1　气门间隙的调整及气缸盖的安装

气门间隙的调整	1. 使用工、量具过程要求规范，动作要领正确 2. 转动曲轴要求达到调整点位置 3. 按两次调整或逐缸调整方法完成 4. 调整技术要求，进气门为 0.30 mm，排气门为 0.35 mm。
汽缸盖的安装	1. 汽缸盖螺栓拧紧时顺序分三次逐渐拧紧，必须先紧中间，后两边，交叉拧紧。 2. 汽缸盖螺栓扭紧力矩要求为 160~200 N·m。 3. 操作方法规范，拧紧顺序正确。

典型工作任务八　CA6140 车床精度检测

◇学习目标◇

1. 熟悉机床几何精度检测的内容、原理、方法和步骤。
2. 掌握水平仪、百分表的使用方法。
3. 了解机床几何精度对加工精度的影响。
4. 能熟练运用检测工具对机床进行检测。

◇工作流程与活动◇

学习活动 1　接受任务，制定检测计划
学习活动 2　精度检测前的准备工作
学习活动 3　CA6140 车床的精度检测
学习活动 4　工作小结

◇学习任务描述◇

学生在接受检测任务后，查阅信息单，做好检测前准备工作，包括查阅 CA6140 车床主轴结构，准备工具、量具、清洗剂、标识牌，并做好安全防护措施。通过分析 CA6140 车床结构，要求学生理解检测任务，制定合理的检测计划，分析制定检测工艺，确定检测顺序，完成 CA6140 车床的精度检测。检测过程中，清理、清洗、规范放置各零部件，使用合理的检测方法正确检测。在工作过程中，严格遵守起吊、拆装、搬运、用电、消防等安全规程要求，工作完成后，按照现场管理规范清理场地、归置物品。

◇任务评价◇

序号	学习活动	评价内容					占比
		活动成果（40%）	参与度（10%）	安全生产（20%）	劳动纪律（20%）	工作效率（10%）	
1	接受任务，制定检测计划	查阅信息单	活动记录	工作记录	教学日志	完成时间	20%
2	精度检测前的准备工作	工量具、设备清单	活动记录	工作记录	教学日志	完成时间	20%
3	CA6140车床主轴的检测	精度检测	活动记录	工作记录	教学日志	完成时间	40%
4	工作小结	总结	活动记录	工作记录	教学日志	完成时间	20%
总计							100%

学习活动 1   接受任务，制定计划

◇学习目标◇

1. 能接受任务，要求学生理解任务要求。
2. 能制定检测工艺。

◇学习过程◇

一、学习准备

CA6140车床说明书、任务书、教材。

二、引导问题

1. 车床精度检测的意义是什么？

2. 试述精度检测时百分表使用时的注意事项。

3. 分组学习各项操作规程和规章制度，小组摘录要点，做好学习记录。

4. 根据你的分析，安排工作进度。

序号	开始时间	结束时间	工作内容	工作要求	备注

5. 根据小组成员的特点完成下表。

小组成员名单	成员特点	小组中的分工	备注

6. 小组讨论记录。

◇温馨提示◇

小组记录需要：记录人、主持人、日期、内容等要素。

学习活动 2　精度检测前的准备工作

◇学习目标◇

1. 能写出检测前准备工作的内容。
2. 能熟悉车床的结构。
3. 能认知车床主轴检测工作中所需的工具、量具及设备。

◇学习过程◇

一、学习准备

CA6140 车床说明书、任务书、教材。

二、引导问题

1. 检验棒的清洁、安装应该注意的事项有哪些?

2. 常用的精度检测工量具有哪些?

3. 车床几何精度对加工的影响有哪些?

4. 写出下列量具和量仪的名称。

_____　　　　_____

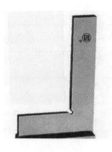

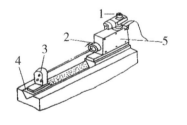

4. 列出你所需要的工量具，填入下表。

序号	名称	规格	精度	数量	用途
1					
2					

续表

序号	名称	规格	精度	数量	用途
3					
4					
5					
6					
7					

学习活动 3　CA6140 车床精度检测

◇学习目标◇

1. 能对主轴径向跳动进行检测。
2. 能对主轴轴向窜动进行检测。
3. 能对主轴精度修复调整。
4. 掌握量、检、工具的使用方法。

◇学习过程◇

一、学习准备

车床说明书、检测用工、量具及设备。

二、引导问题

1. 确定工具和量具，填入下表。

	名称	规格	数量	作用	备注
工具 及量 具					
其他					

2. 画出床鞍移动在水平面内的直线度检测示意图，并简述测量过程。

3. 画出主轴锥孔轴线的径向跳动示意图，并简述测量过程。

4. 记录径向跳动、轴向窜动的误差值，填入下表。

项目	测量值 /mm	允许误差 /mm
径向跳动		
轴向窜动		

5. 画出顶尖跳动的测量示意图，并简述测量过程。

6. 画出主轴轴线对床鞍移动的平行度，并简述测量过程。

7．完成下列车床精度检测项目。

序号	检验内容	检验图示	检验参考值（允差 /mm）	检验结果	测评
1	床鞍移动在水平面内的直线度（D_a表示最大工件回转直径）		$D_a \leq 800$ 0.015 $800 < D_a \leq 1250$ 0.02		
2	主轴锥孔轴线的径向跳动		$D_a \leq 800$ ① a.0.01 ②在 300 测量长度上为 0.02 $800 < D_a \leq 1250$ ① a.0.015 ②在 500 测量长度上为 0.05		
3	顶尖跳动		$D_a \leq 800$ 0.015 $800 < D_a \leq 1250$ 0.02		
4	主轴轴线对床鞍移动的平行度		$D_a \leq 800$ ①在 300 测量长度上为 0.02 （只许向上偏） ②在 300 测量长度上为 0.015 （只许向前偏） $800 < D_a \leq 1250$ ①在 300 测量长度上为 0.04 ②在 300 测量长度上为 0.03		

机械装配与检测技术一体化实训教程

◇ **评价与分析** ◇

活动过程评价表

班级：　　　　姓名：　　　　学号：　　　　　　　年　　月　　日

	评价项目及标准	分数	自我评价（10%）	小组评价（30%）	教师评价（60%）
操作技能	1. 检测工量具的正确、规范使用	10			
	2. 动手能力强，理论联系实际，善于灵活应用	10			
	3. 检测的速度	10			
	4. 熟悉质量分析、结合实际，提高自己综合实践能力	20			
	5. 检测的准确性	10			
	6. 通过检测，能对主轴精度进行修复调整	10			
实习过程	1. 工量具及设备的规范使用情况 2. 平时出勤情况 3. 拆装工作的顺序是否正确 4. 每天对工具的整理、保管及场地卫生清扫情况	20			
情感态度	1. 师生互动 2. 良好的劳动习惯 3. 组员的交流、合作 4. 实践动手操作的兴趣、态度、积极性	10			
	小计	100	__ ×0.1=__	__ ×0.3=__	__ ×0.3=__
简要评述					

等级评定：

A：优（10） B：好（8） C：一般（6） D：有待提高（4）

任课教师签字：_____

— 162 —

活动过程教师评价量表

班级		姓名		学号		日期	月　日	配分	得分
教师评价	劳保用品穿戴	严格按《实习守则》要求穿戴好劳保用品						5	
	平时表现评价	1. 出勤情况 2. 纪律情况 3. 工作态度 4. 任务完成质量 5. 良好的习惯，岗位卫生情况						15	
	综合专业技能水平	基本知识	1. 主轴精度的检测内容 2. 熟悉主轴精度的检测方法 3. 检测工量具的使用					20	
		操作技能	1. 能检测主轴径向跳动 2. 能检测主轴轴向窜动 3. 能对主轴轴线与导轨的平行度误差进行检测 4. 能对主轴精度修复调整					30	
	情感态度评价	1. 互动与团队合作。 2. 良好的劳动习惯，注重提高自己的动手能力 3. 实践动手操作的兴趣、态度、积极性						10	
自评	综合评价	1. 组织纪律性，遵守实习场所纪律及有关规定 2. "7S"执行情况 3. 专业基础知识与专业操作技能的掌握情况						10	
互评	综合评价	1. 组织纪律性，遵守实习场所纪律及有关规定 2. "7S"执行情况 3. 专业基础知识与专业操作技能的掌握情况						10	
合　计								100	
建议									

◇**知识链接**◇

一、CA6140 普通车床简介

普通车床在金属切削加工中是应用比较广泛的机床，在一般的机器制造业中，车床在金属切削机床中所占的比例比较大，约占金属切削机床的 20%~30%，其中 CA6140 型普通车床是我国自行设计的质量较好的普通车床。它的传动和结构也比较典型。其外形如图 8-1 所示。由主轴箱、进给箱、溜板箱、挂轮箱、刀架部件、尾座、床身、床脚、冷却、照明等部分组成。

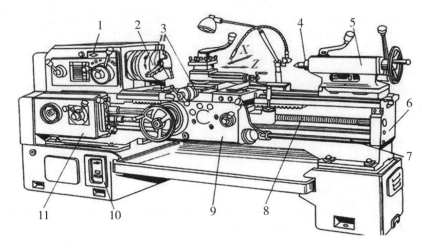

1—主轴箱；2—卡盘；3—溜板；4—顶尖；5—尾座；6—床身；
7—操纵杆；8—丝杆；9—溜板箱；10—床脚；11—进给箱

图 8-1　CA6140 型卧式车床

二、CA6140 车床结构简介

（1）主轴变速箱（又称床头箱）：主要用来支承主轴并传动主轴，是主运动的变速结构。

（2）刀架部件（溜板部件）：用于装夹车刀，并使其做纵向、横向或斜向运动。由大拖板、中拖板、小拖板刀架组成。

（3）尾座：可以支承较长工件的一端，还可以进行孔加工。

（4）进给箱（又称走刀箱）：是进给系统的变速机构，主要功用是改变被加工螺纹的螺距或自动进给的进给量。

（5）挂轮箱（又称交换齿轮箱）：是把主轴的旋转运动传给进给箱的过渡部件。调换挂轮箱内的齿轮的齿数可改变所加工螺纹的种类。

（6）溜板箱：它靠光杆、丝杆与进给箱联系，把进给箱传来的运动传给刀架，使刀架实现纵向进给、横向进给、快速移动或车削螺纹。

（7）床身、床脚：是车床的基本支承件，同时也是构成整个机床的基础。

三、CA6140车床的主要技术性能

（1）床身最大工件回转直径：D=400 mm；

（2）最大工件长度：750 mm，1000 mm，1500 mm，2000 mm；

（3）最大车削长度：650 mm，900 mm，1400 mm，1900 mm；

（4）刀架上最大工件回转直径：D=210 mm；

（5）主轴中心至床身平面导轨距离（中心高）：H=205 mm；

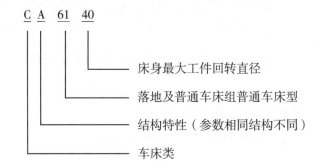

（6）主轴内孔直径：48 mm；

（7）主轴孔前端锥度：莫氏6号；

（8）主轴转速：正转Z=24级，n=10~1400 r/min；

　　　　反转Z'=12级，n'=14~1580 r/min；

（9）进给量：纵向及横向各64级；

（10）纵向进给量：$f_{纵}$=0.028~6.33 mm/r；

（11）横向进给量：$f_{横}$=0.5$f_{纵}$；

（12）溜板及刀架纵向快移速度：$Z_{快}$=4 m/min；

（13）主电动机：7.5kW；1450 r/min；

（14）车削螺纹的范围；

①米制螺纹：44种，S=1~192 mm；

②英制螺纹：20种，a=2~24扣/时；

③模数螺纹：39种，m=0.25~48 mm；

④径节螺纹：37种，D_P=1~96 r/min；

四、CA6140车床用途

车削加工是在车床上由工件的旋转运动和车刀的移动相配合，进行切削机工的一种方法，CA6140普通车床适合于加工各种轴类、套筒类和盘类零件的回转表面，还能作钻孔、扩孔、铰孔、滚花等工作。车削时工件的旋转运动是主运动，车刀的纵向或

横向移动时进给运动。图 8-2 所示为在 CA6140 车床加工的典型表面示意图。

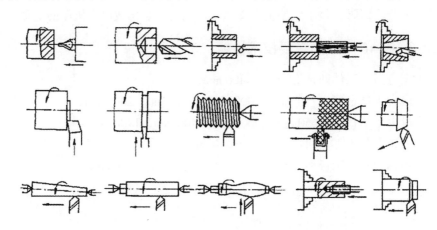

图 8-2　CA6140 型卧式车床加工的典型表面

五、CA6140 车床的传动系统简介

CA6140 型卧式车床主运动传动结构式如图 8-3 所示。

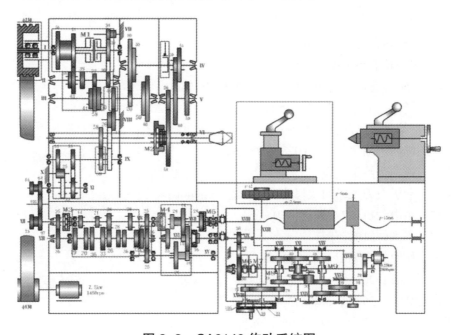

图 8-3　CA6140 传动系统图

六、卧式车床装配、安装与调试常用的量具和量仪

1. 常用的量具

完成车床几何精度检测工作要借助于相应的工具、量具和量仪，常用的量具如下。

（1）平尺。平尺主要用于导轨面的刮研测量，有桥型平尺、平行平尺和角形平尺三种，如图 8-4 所示。

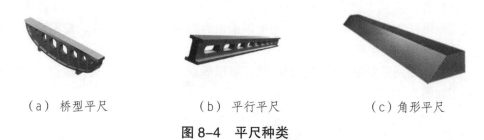

（a）桥型平尺　　　　　（b）平行平尺　　　　　（c）角形平尺

图 8-4　平尺种类

（2）方尺或 90º 角尺。方尺或 90º 角尺用来检验机床部件的垂直度，常用的有方尺、90º 角尺、宽底座角尺和直角平尺等四种，如图 8-5 所示。

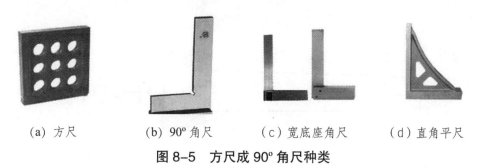

（a）方尺　　　（b）90º 角尺　　　（c）宽底座角尺　　　（d）直角平尺

图 8-5　方尺成 90º 角尺种类

（3）垫铁。垫铁是一种检验导轨精度的通用工具，主要用作水平仪及百分表架等测量工具的垫铁。材料多为铸铁，根据使用的目的和导轨形状的不同，可做成多种形状，如图 8-6 所示。

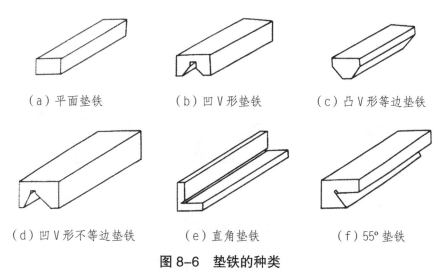

（a）平面垫铁　　　　　（b）凹 V 形垫铁　　　　　（c）凸 V 形等边垫铁

（d）凹 V 形不等边垫铁　　　（e）直角垫铁　　　　　（f）55º 垫铁

图 8-6　垫铁的种类

（4）检验棒。检验棒主要用来检查机床主轴及套筒类零部件的径向圆跳动、轴向窜动、同轴度、平行度等，是机床装配及检验中常用的工具之一。

检验棒一般用工具钢制成，经热处理及精密加工，精度较高，为减轻重量可以做成空心的；为便于装拆、保管，还可以做出拆卸螺纹及吊挂小孔。检验棒用后要清洗、涂油，并吊挂保存。

检验棒按测量对象及检验项目不同，可以做成不同的结构形式。检验棒的结构形式和实物图，如图 8-7、图 8-8 所示。

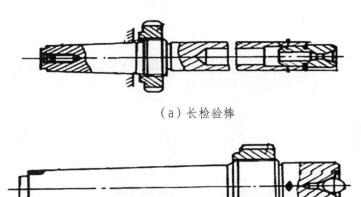

（a）长检验棒

（b）短检验棒

（c）圆柱检验棒

图 8-7　检验棒的结构形式

（a）莫氏锥度检验棒　　　（b）莫氏顶尖　　　（c）圆柱检验棒

图 8-8　检验棒的实物图

（5）检验桥板。检验桥板（见图 8-9）是用来检验机床导轨面间相互位置精度的一种工具，它一般与水平仪结合使用。

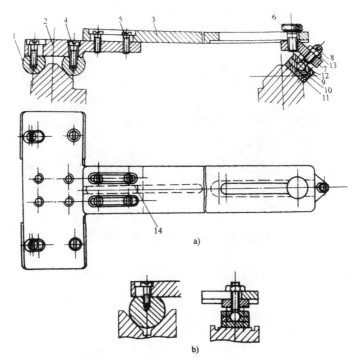

a)

b)

1—半圆棒；2—丁字板；3—桥板；4、5—螺钉；6—滚花螺钉；7—滑动支板；8—调整杆；
9—盖板；10—垫板；11 接触板；12—圆柱头铆钉；13—六角螺母；14—平键

图 8-9　检验桥板的结构

2. 常用量仪

（1）水平仪。水平仪主要用来测量导轨在竖直平面内的直线度，工作台面的平面度及零件间的垂直度和平行度等，有条形水平仪、框式水平仪和合像水平仪等。如图 8-10 所示。用于车床装配测量工作的是框式水平仪，它不仅可以测量直线度、两导轨间的平行度，还能测量两相互垂直部件的垂直度误差。

（a）框式水平仪　　　　　（b）条式水平仪　　　　　（c）合像水平仪

图 8-10　水平仪垫铁（检具）

为了便于测量数据的换算和保护水平仪的工作面，测量时常配备专用的水平仪垫铁，如图 8-11 所示。垫铁底部与测量面相接触的表面是根据被测导轨横截面形状配作的，在测量前最好能与被测导轨面进行配刮。垫铁的长度 $L1$ 的选择要考虑到被测导轨长度、水平仪自身的长度以及需要测量的次数。

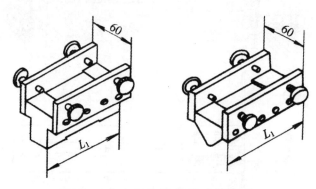

图 8-11　水平仪垫垫铁（检具）

（2）光学平直仪。光学平直仪由仪器主体和反射镜两部分组成，如图 8-12 所示。仪器主体由平行光管和读数望远镜组成，反射镜安装在桥板上。光学平直仪具有精度高、应用范围广、使用方便、受温度影响小等优点。

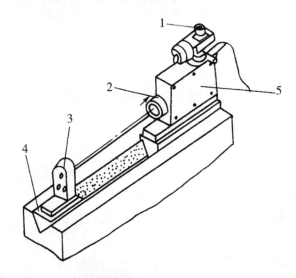

1—目镜；2—望远镜；3—反光镜；4—桥板；5—主体

图 8-12　用光学平直仪检查导轨直线度

七、CA6140 车床精度检测

车床精度检测项目如下：

1. 检验序号 G1（床身导轨调平）（见图 8-13、表 8-1）

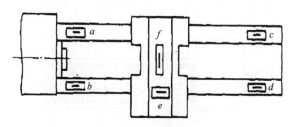

图 8-13 G1 检验简图

表 8-1 G1 项目的允差值 mm

检验项目	允差	
	$D_a \leq 800$	$800 < D_a \leq 1250$
导轨在竖直平面内的直线度	$D_c \leq 500$	
	0.01（凸）	0.015（凸）
	$500 < D_c \leq 1000$	
	0.02（凸） 0.025（凸）	
	局部公差 ** 在任意 250 测量长度上	
	0.0075	0.01
	$D_c > 1000$ 最大工件长度每增加 1000 允差增加	
	0.010	015
	局部公差 ** 在任意 500 测量长度上	
	0.015	0.02
导轨在竖直平面内的平行度	0.04 / 1000	

注：D_c 表示最大工件长度；D_a 表示最大工件回转直径。

** 在导轨两端 D_c / 4 测量长度上局部公差可以加倍。

检验方法及误差值的确定：

检验前，须将机床安装在适当的基础上，在床脚紧固螺栓孔处设置可调垫铁，将机床调平。为此，水平仪应顺序地放在床身平导轨纵向 a、b、c、d 和床鞍横向 f 的位置上，调整可调垫铁，使两条导轨的两端放置成水平，同时校正床身导轨的扭曲。

检验时在床鞍上靠近前导轨 e 处，纵向放一水平仪，等距离移动床鞍检验。

将水平仪的测量读数依次排列，用直角坐标法画出导轨误差曲线。曲线相对其两端点连线在纵坐标上的最大正负绝对值之和就是该导轨全长的直线度误差。曲线上任意局部测量长度的两端点相对曲线两端点连线的坐标值，就是导轨的局部误差。

2. 检验序号 G2（床鞍移动在水平面内的直线度）（见图 8-14、表 8-2）

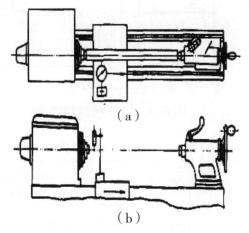

（a）

（b）

图 8-14　G2 检验简图

表 8-2　G2 项目的允差值 mm

检验项目	允差	
	$D_a \leq 800$	$800 < D_a \leq 1250$
床鞍的移动在水平面内的直线度	$D_c \leq 500$	
	0.015	0.02
	$500 < D_c \leq 1000$	
	0.02	0.025
	$D_c > 1000$ 最大工件长度每增加 1000 允差增加：0.005 最大允差	
	0.03	0.05

检验方法及误差值的确定：

当床鞍行程小于或等于 1600 mm 时，可利用检验棒和百分表检验。将百分表固定在床鞍上，使其测头触及主轴和尾座顶尖间的检验棒表面；调整尾座，使百分表在检验棒两端的读数相等；使百分表触头触及检验棒侧素线；移动床鞍在全部行程上检验。百分表读数的最大代数差值就是该导轨的直线度误差。

床鞍行程大于 1600 mm 时，用直径约为 0.1 mm 的钢丝和读数显微镜检验。在机床中心高的位置上绷紧一根钢丝，显微镜固定在床鞍上；调整钢丝，使显微镜在钢丝两端的读数相等；等距离移动床鞍，在全部行程上检验。显微镜读数的最大代数差值就是该导轨的直线度误差值。

3. 检验序号 G3（尾座移动对床鞍移动的平行度）（见图 8-15、、表 8-3）

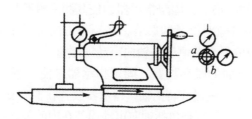

图 8-15　G3 检验简图

表 8-3　G3 项目的允差值（mm）

检验项目		允差	
		$D_a \leqslant 800$	$800 < D_a \leqslant 1250$
尾座移动对床鞍移动的平行度	a 为在竖直平面内	$D_c \leqslant 1500$	
		a 和 b 0.03，a 和 b 0.04	
		局部公差：在任意 500 测量长度上为 0.02	
	b 为在水平面内	$D_c > 1500$　　a 和 b 0.04	
		在任意 500 测量长度上为 0.03	

检验方法及误差值的确定：

将指示器固定在床鞍上，使其测头触及近尾座端面的顶尖套上，a 为在在竖直平面内，b 为在水平面内。锁紧顶尖套，使尾座与床鞍一起移动，在床鞍全部行程上检验。指示器在任意 500 mm 行程上和全部行程上读数的最大值就是局部长度和全长上的平行度误差值。a、b 的误差分别计算。

4. 检验序号 G4（主轴的轴向窜动和主轴轴肩支撑面的跳动）（见图 8-16、表 8-4）

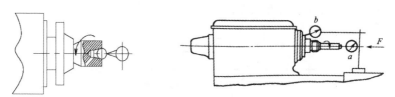

图 8-16　G4 检验简图

表 8-4　G4 项目的允差值（mm）

检验项目	允差	
	$D_a \leqslant 800$	$800 < D_a \leqslant 1250$
a 为主轴的轴向窜动	a 为 0.01	a 为 0.015
b 为主轴轴肩支撑面的跳动	b 为 0.02	b 为 0.02
	（包括轴向窜动）	

检验方法及误差值的确定：

（1）主轴轴向窜动的检验：固定指示器，使其测头触及检验棒端部中心孔内的钢球上。为消除主轴轴向游隙对测量的影响，在测量方向上沿主轴轴线加一力 F。慢慢旋转主轴，指示器读数的最大差值就是轴向窜动误差值。

（2）主轴轴肩支撑面的跳动检验：固定指示器，使其测头触及主轴轴肩支撑面上，沿主轴轴线加一力 F。慢慢旋转主轴，指示器放置在轴肩支撑面不同直径处一系列位置上检验，其中最大误差值就是包括轴向窜动误差在内的轴肩支撑面的跳动误差值。

5. 检验序号 G5（主轴定心轴颈的径向圆跳动）（见图 8-17、表 8-5）

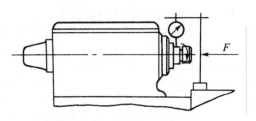

图 8-17　G5 检验简图

表 8-5　G5 项目的允差值（mm）

检验项目	允差	
	$D_a \leqslant 800$	$800 < D_a \leqslant 1250$
主轴定心轴颈的径向圆跳动	0.01	0.015

检验方法及误差值的确定：

固定指示器，使其测头垂直触及轴颈（包括圆锥轴颈）的表面，沿主轴轴线加一力 F。旋转主轴检验，指示器读数的最大差值就是径向圆跳动误差值。

6. 检验序号 G6（主轴锥孔轴线的径向跳动）（见图 8-18、表 8-6）

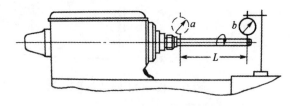

图 8-18　G6 检验简图

表 8-6　G6 项目的允差值（mm）

检验项目		允差	
		$D_a \leqslant 800$	$800 < D_a \leqslant 1250$
主轴锥孔轴线的径向跳动	a 为靠近主轴端面	b 为 0.01	b 为 0.015
	b 为距主轴端面 L 处	c 在 300 测量长度上为 0.02	c 在 500 测量长度上为 0.05

检验方法及误差值的确定：

如图18所示，将检验棒插入主轴锥孔内，固定指示器，使其测头垂直触及检验棒的表面，a 为靠近主轴位置，b 为距 a 点 L 处。对于车削工件外径 $D_a \leq 800$ mm 的车床，L 等于 D_a / 2 或不超过 300 mm；对于 $D_a > 800$ mm 的车床，测量长度 L 应增加至 500 mm。旋转主轴检验，规定在 a、b 两个截面上检验。主要是控制锥孔轴线与主轴轴线的倾斜误差值。

为了消除检验棒误差和检验棒插入孔内时的安装误差对主轴锥孔轴线径向圆跳动误差的叠加或抵偿，应将检验棒相对主轴旋转 90℃ 作重新插入检验，共检验四次，四次测量结果的平均值就是径向圆跳动的误差值。a、b 的误差分别计算。

7. 检验序号 G7（主轴轴线对床鞍移动的平行度）（见图8-19、表8-7）

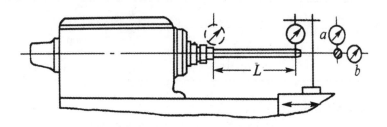

图 8-19　G7 检验简图

表 8-7　G7 项目的允差值（mm）

检验项目		允差	
		$D_a \leq 800$	$800 < D_a \leq 1250$
主轴轴线对床鞍移动的平行度	a 为在竖直平面内	a 在 300 测量长度上为 0.02	a 在 500 测量长度上为 0.04
		（只许向上偏）	
	b 为在水平面内	b 在 300 测量长度上为 0.015	b 在 500 测量长度上为 0.03
		（只许向前偏）	

检验方法及误差值的确定：

如图19所示，指示器固定在床鞍上，使其测头触及检验棒的表面，a 为在在竖直平面内，b 在水平面内，移动床鞍检验。为消除检验棒轴线与旋转轴线不重合对测量的影响，必须旋转主轴 180º 作两次测量，取两次测量结果的平均值，就是平行度误差。a，b 的误差分别计算。

8. 检验序号 G8（顶尖跳动）（见图 8-20、表 8-8）

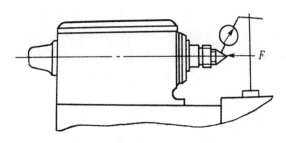

图 8-20　G8 检验简图

表 8-8　G8 项目的允差值（mm）

检验项目	允差	
	$D_a \leqslant 800$	$800 < D_a \leqslant 1250$
顶尖跳动	0.015	0.02

检验方法及误差值的确定：

顶尖插入主轴锥孔内，固定指示器，使其测头垂直触及顶尖锥面上，沿主轴轴线加一力 F。旋转主轴，指示器读数的最大差值乘以 $\cos\alpha$（α 为顶尖锥半角）后，就是顶尖跳动的误差值。

9. 检验序号 G9（尾座套筒轴线对床鞍移动的平行度）（见图 8-21、表 8-9）

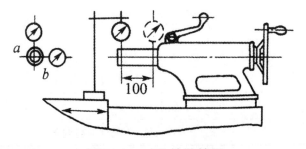

图 8-21　G9 检验简图

表 8-9　G9 项目的允差值（mm）

检验项目		允差	
		$D_a \leqslant 800$	$800 < D_a \leqslant 1250$
尾座套筒轴线对床鞍移动的平行度	a 为在竖直平面内	a 在 300 测量长度上为 0.03	a 在 500 测量长度上为 0.05
		（只许向上偏）	
	b 为在水平面内	b 在 300 测量长度上为 0.03	b 在 500 测量长度上为 0.05
		（只许向前偏）	

检验方法及误差值的确定：

将尾座紧固在检验位置，当被加工工件最大长度 D_c 小于或等于 500 mm 时，应紧固在床身导轨的末端，当 D_c 大于 500 mm 时应紧固在 $D_c / 2c$ 处，但最大不大于 2000 mm。尾座顶尖套伸出量约为最大伸出长度的一半，并锁紧。

将指示器固定在床鞍上，使其测头触及尾座套筒的表面，a 为在竖直平面内；b 为在水平面内，移动床鞍检验。指示器读数的最大差值，就是平行度误差值。a、b 的误差应分别计算。

10. 检验序号 G10（尾座套筒锥孔轴线对床鞍移动平行度）（见图8-22、表8-10）

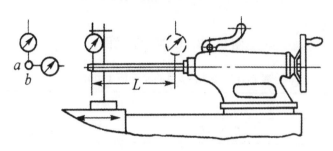

图 8-22　G10 检验简图

表 8-10　G10 项目的允差值（mm）

检验项目		允差	
		$D_a \leqslant 800$	$800 < D_a \leqslant 1250$
尾座套筒锥孔轴线对床鞍移动平行度	a 为在竖直平面内	a 在 300 测量长度上为 0.03	a 在 500 测量长度上为 0.05
		（只许向上偏）	
	b 为在水平面内	b 在 300 测量长度上为 0.03	b 在 500 测量长度上为 0.05
		（只许向前偏）	

检验方法及误差值的确定：

检验时尾座的位置同 G9，顶尖套筒退入尾座孔内，并锁紧。

在尾座套筒锥孔中插入检验棒，指示器固定在床鞍上，使其测头触及检验棒表面，a 在竖直平面内，b 为在水平面内。移动床鞍检验，一次检验后拔出检验棒，旋转 180° 重新插入尾座顶尖套锥孔中，重复检验一次，两次测量结果的平均值，就是平行度误差。a、b 的误差分别计算。

11. 检验序号 G11（主轴和尾座两顶尖的等高度）（见图 8-23、表 8-11）

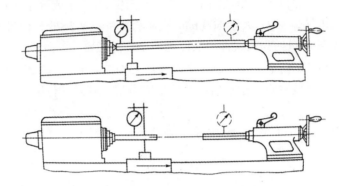

图 8-23　G11 检验简图

表 8-11　G11 项目的允差值（mm）

检验项目	允差	
	$D_a \leqslant 800$	$800 < D_a \leqslant 1250$
主轴和尾座两顶尖的等高度	0.04	0.06
	（只许尾座高）	

检验方法及误差值的确定：

在主轴与尾座顶尖间装入检验棒，指示器固定在床鞍上，使其测头在竖直平面内触及检验棒。移动床鞍，在检验棒的两极限位置上检验。指示器在检验棒两端读数的差值，就是等高度误差值。检验时，尾座顶尖应退入尾座孔内，并锁紧。

12. 检验序号 G12（小滑板移动对主轴轴线的平行度）（见图 8-24、表 8-12）

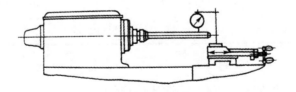

图 8-24　G12 检验简图

表 8-12　G12 项目的允差值（mm）

检验项目	允差	
	$D_a \leqslant 800$	$800 < D_a \leqslant 1250$
小滑板移动对主轴轴线的平行度	在 300 测量长度上为 0.04	

检验方法及误差值的确定：

将检验棒插入主轴锥孔内，指示器固定在小滑板上，使其测头在水平面内触及检验棒。调整小滑板，使指示器在检验棒两端的读数相等。将指示器测头在竖直平面内触及检验棒，移动小滑板检验，然后将主轴旋转 180° 同样检验一次。两次测量结果的平均值，就是平行度误差。

13. 检验序号 G13（中滑板横向移动对主轴轴线的垂直度）（见图 8-25、表 8-13）

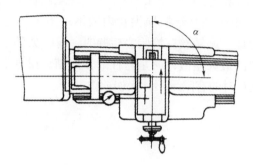

图 8-25　G13 检验简图

表 8-13　G13 项目的允差值（mm）

检验项目	允差	
	$D_a \leqslant 800$	$800 < D_a \leqslant 1250$
中滑板横向移动对主轴轴线的垂直度	0.02	0.03
	（偏差方向 $\alpha \geqslant 90°$）	

检验方法及误差值的确定：

将平面圆盘固定在主轴上，指示器固定在中滑板上，使其测头触及圆盘平面。移动中滑板进行检验，然后将主轴旋转 180° 同样检验一次，两次测量结果的平均值，就是垂直度误差。

14. 检验序号 G14（丝杠的轴向窜动）（见图 8-26、表 8-14）

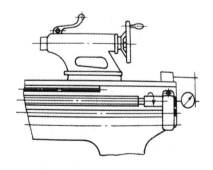

图 8-26　G14 检验简图

表 8-14　G14 项目的允差值（mm）

检验项目	允差	
	$D_a \leqslant 800$	$800 < D_a \leqslant 1250$
丝杠的轴向窜动	0.015	0.02

检验方法及误差值的确定：

固定指示器，使其测头触及丝杠顶尖孔内的钢球上（钢球用黄油粘牢）。在丝杠的中段处闭合开合螺母，旋转丝杠检验。检验时，有托架的丝杠应在装有托架的状态下检验。指示器读数的最大差值，就是丝杠的轴向窜动误差值。正转、反转均应试验，但由正转变换到反转时的有限量不计入误差内。

学习活动 4　工作小结

◇学习目标◇

1. 能清晰、合理地撰写总结。
2. 能有效进行工作反馈与经验交流。

◇学习过程◇

一、学习准备

任务书、数据的对比分析结果、电脑。

二、引导问题

1. 请简单写出本次工作任务中的安全注意事项。

2. 写出本次学习任务过程中存在的问题，并提出解决方法。

3. 完成工作总结，提出改进意见。

典型工作任务九　THDZT-1 型装调设备变速箱的装配与调整

◇学习目标◇

1. 能理解 THDZT-1 型装调设备变速箱的结构。
2. 能合理地选用并熟练规范地使用拆装工具。
3. 能看懂 THDZT-1 型装调设备变速箱装配图，并熟练地对变速箱进行拆装与检测。
4. 能认真分析、解决拆装中出现的技术问题。

◇工作流程与活动◇

学习活动 1　接受任务，制定拆装计划（4 学时）
学习活动 2　拆装前的准备工作（2 学时）
学习活动 3　THDZT-1 型装调设备变速箱的拆装（10 学时）
学习活动 4　THDZT-1 型装调设备变速箱的检测（8 学时）
学习活动 5　工作小结（2 学时）

◇学习任务描述◇

学生在接受拆装任务后，查阅信息单，做好拆装前准备工作，包括查阅 THDZT-1 型装调设备变速箱的结构图，准备工具、量具、清洗剂、标识牌，并做好安全防护措施。通过分析 THDZT-1 型装调设备变速箱的结构，要求学生理解拆装任务，制定合理的拆装计划，分析制定拆装工艺，确定拆卸顺序，完成主轴的拆装及零部件的拆卸。拆卸过程中，清理、清洗、规范放置各零部件，使用合理的检测方法检验主轴的几何精度。在工作过程中，严格遵守"7S"管理要求执行。

◇**任务评价**◇

序号	学习活动	评价内容					占比
		活动成果（40%）	参与度（10%）	安全生产（20%）	劳动纪律（20%）	工作效率（10%）	
1	接受任务，制定拆装计划	查阅信息单	活动记录	工作记录	教学日志	完成时间	10%
2	拆装前的准备工作	工量具、设备清单	活动记录	工作记录	教学日志	完成时间	20%
3	THDZT-1型装调设备变速箱的拆装	变速箱的拆装	活动记录	工作记录	教学日志	完成时间	40%
4	THDZT-1型装调设备变速箱的检测	精度检测	活动记录	工作记录	教学日志	完成时间	20%
5	工作小结	总结	活动记录	工作记录	教学日志	完成时间	10%
总计							100%

<h2 style="text-align:center">学习活动 1　接受任务，制定计划</h2>

◇学习目标◇

1. 能接受任务，理解任务要求。
2. 能遵守设备拆装与检测操作规程。
3. 能制定拆装与检测工艺。

◇学习过程◇

一、学习准备

THDZT-1 型装调设备说明书、任务书、教材。

二、引导问题

图 9-1 所示为 THDZT-1 型装调设备实物图，图 9-2 所示为 THDZT-1 型装调设备变速箱装配图。

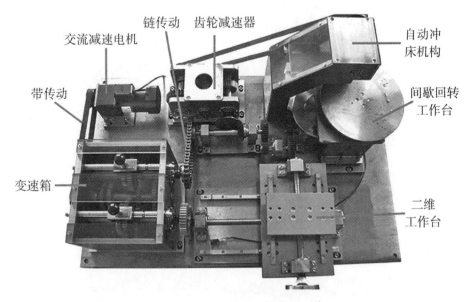

图 9-1　THDZT-1 型装调设备实物图

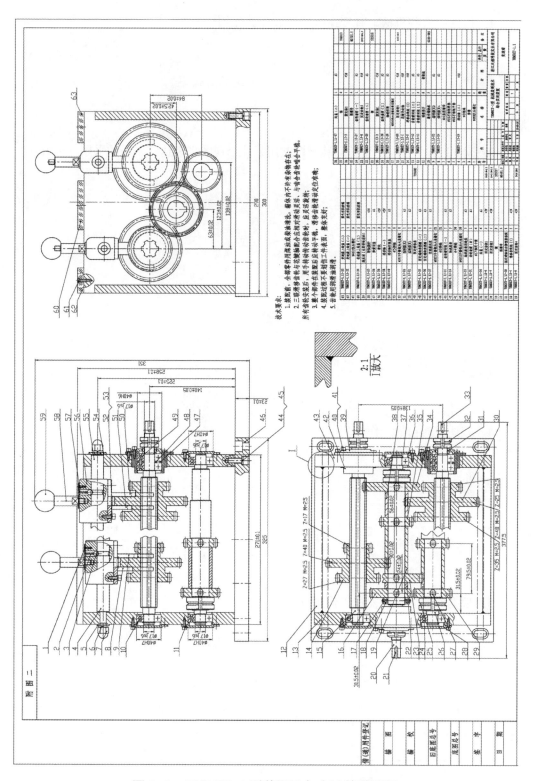

图 9-2　THDZT-1 型装调设备变速箱装配图

1. 生活中哪些机械上有变速机构？起什么作用？

2. 读变速箱装配图，变速箱装配图共用了几个视图来表达？主视图采用什么方式？

3. 查看装配图，写出变速箱有几级变速。

4. 叙述变速箱的工作原理。

5. 根据你的分析，安排工作进度。

序号	开始时间	结束时间	工作内容	工作要求	备注

6. 根据小组成员的特点完成下表。

小组成员名单	成员特点	小组中的分工	备注

7. 小组讨论记录。

◇ **温馨提示** ◇

小组记录需要：记录人、主持人、日期、内容等要素。

<h1 style="text-align:center">学习活动 2　拆装前的准备工作</h1>

◇学习目标◇

1. 能写出拆装前准备工作的内容。
2. 能熟悉变速箱的结构。
3. 能认知变速箱拆装工作中所需的工具、量具及设备。

◇学习过程◇

一、学习准备

THDZT-1 型装调设备说明书、任务书、教材。

二、引导问题

1. 机械拆卸的原则是什么？

2. 装配之前需要掌握的几个问题。
（1）装配前的准备工作有哪些？

（2）常用的零件清洗液有哪几种？ 各用在何种场合？

（3）装配时常用的工具有哪些？

3. 列出你所需要的工量具，填入下表。

序号	名称	规格	精度	数量	用途
1					
2					
3					
4					
5					
6					
7					

学习活动 3　THDZT-1 型装调设备变速箱的拆装

◇学习目标◇

1. 能按照"7S"管理规范实施作业。
2. 能合理地选用并熟练规范地使用拆装工具及设备。
3. 能熟练地对 THDZT-1 型装调设备变速箱的拆装。

◇学习过程◇

一、学习准备

THDZT-1 型装调设备说明书、拆装用工量具及设备、"7S"管理规范。

二、引导问题

1. THDZT-1 型装调设备变速箱拆卸时要注意哪些事项？

2. 应怎样拆卸变速箱的变速拨叉滑块？

3. THDZT-1 型装调设备变速箱花键轴两端安装的是什么轴承？它们的名称是什么？各承受怎样的力？

4. THDZT-1 型装调设备变速箱输入轴采用了哪种固定方式？写出各种固定方式的特点？

5. 计算出输入轴上各个齿轮的模数。

6. 怎样检测变速箱中角接触轴承的游隙和确定两角接触轴承的内外隔圈的厚度？各有什么特点？

7. 角接触轴承有哪几种安装方法？各种安装方法有什么区别？

8. 在变速箱个轴上的键起什么作用？键的种类有那些？各有什么特点？

9. 按工序及工步的方式，编写出变速箱的装配工艺卡片。

工序	工步	操作内容	主要工具

◇**评价与分析**◇

活动过程评价表

班级：　　　　姓名：　　　　学号：　　　　　　　　年　　月　　日

评价项目及标准		分数	自我评价（10%）	小组评价（30%）	教师评价（60%）
操作技能	1. 检测工量具的正确、规范使用	10			
	2. 动手能力强，理论联系实际，善于灵活应用	10			
	3. 检测的速度	10			
	4. 掌握变速箱结构及拆装顺序的能力	20			
	5. 检测方法	10			
实习过程	1. 工量具及设备的规范使用情况 2. 平时出勤情况 3. 拆装工作的顺序是否正确 4. 每天对工具的整理、保管及场地卫生清扫情况	20			
情感态度	1. 检测工作规范情况 2. 平时出勤情况 3. 检测完成质量 4. 检测的速度与准确性 5. 每天对工量具的整理、保管及场地卫生清扫情况	20			
小计		100	＿×0.1=＿	＿×0.3=＿	＿×0.3=＿
简要评述					

等级评定：

A：优（10） B：好（8） C：一般（6） D：有待提高（4）

任课教师签字：＿＿＿＿＿＿＿＿＿＿

活动过程教师评价量表

班级		姓名		学号		日期	月 日	配分	得分
教师评价	劳保用品穿戴	严格按《实习守则》要求穿戴好劳保用品						5	
	平时表现评价	1. 出勤情况 2. 纪律情况 3. 工作态度 4. 任务完成质量 5. 良好的习惯，岗位卫生情况						15	
	综合专业技能水平	基本知识	1. 熟悉磨床主轴结构　　2. 熟练查阅资料 3. 拆装工作的原则　　4. 工具量的使用					20	
		操作技能	1. 熟练使用变速箱拆装所用的工量具 2. 能对变速箱进行拆装 3. 装配质量能达到精度要求					30	
	情感态度评价	1. 互动与团队合作 2. 良好的劳动习惯，注重提高自己的动手能力 3. 实践动手操作的兴趣、态度、积极性						10	
自评	综合评价	1. 组织纪律性，遵守实习场所纪律及有关规定 2. "7S" 执行情况 3. 专业基础知识与专业操作技能的掌握情况						10	
互评	综合评价	1. 组织纪律性，遵守实习场所纪律及有关规定 2. "7S" 执行情况 3. 专业基础知识与专业操作技能的掌握情况						10	
合计								100	
建议									

学习活动4　THDZT-1型装调设备变速箱的检测

◇学习目标◇

1. 熟悉量具的使用方法。
2. 能对变速箱输入轴径向跳动进行检测。
3. 能对变速箱输入轴轴向审动进行检测。
4. 能对输入、输出轴精度进行调整。
5. 量、检、工具的使用方法。

◇学习过程◇

一、学习准备

THDZT-1型装调设备说明书、检测用工、量具及设备。

二、引导问题

1. 下图所示为THDZT-1型装调设备检测的常用工量具，并说出它们的名称。

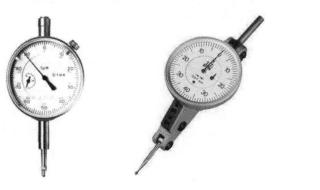

2. 确定工具和量具。

	名称	规格	数量	作用	备注
工具 及量 具					

续表

	名称	规格	数量	作用	备注
其他					

3. 检测项目及误差

项目	误差	测量值	备注
1.测量输出轴齿轮端的径向跳动，并进行调整	≤ 0.02 mm		
2.测量输出轴齿轮的端面跳动	≤ 0.10 mm		
3.固定齿轮4与固定齿轮5的错位量	≤ 5%		
4.调整输出轴齿轮端与导轨1的平行度	≤ 0.01 mm		
5.测量输出轴链轮端的径向跳动，并进行调整	≤ 0.10 mm		
6.测量输入轴的轴向窜动	≤ 0.02 mm		
7.测量两输出轴的轴向窜动	≤ 0.02 mm		

4. 简要叙述杠杆百分表的使用方法。

5. 画出径向跳动的测量示意图，并简述测量过程。

6. 画出轴向窜动的测量示意图，并简述测量过程。

◇评价与分析◇

活动过程评价表

班级：　　　　姓名：　　　　学号：　　　　　　　年　　月　　日

评价项目及标准		分数	自我评价（10%）	小组评价（30%）	教师评价（60%）
操作技能	1. 检测工量具的正确、规范使用	10			
	2. 动手能力强，理论联系实际、善于灵活应用	10			
	3. 检测的速度	10			
	4. 熟悉质量分析、结合实际，提高自己综合实践能力	20			
	5. 检测的准确性	10			
	6. 通过检测，能对变速箱输入、输出轴进行调整				
实习过程	1. 工量具及设备的规范使用情况 2. 平时出勤情况 3. 拆装工作的顺序是否正确 4. 每天对工具的整理、保管及场地卫生清扫情况	20			
情感态度	1. 检测工作规范情况 2. 平时出勤情况 3. 检测完成质量 4. 检测的速度与准确性 5. 每天对工量具的整理、保管及场地卫生清扫情况	20			
小计		100	＿×0.1=＿	＿×0.3=＿	＿×0.3=＿
简要评述					

等级评定：

A：优（10）B：好（8）C：一般（6）D：有待提高（4）

任课教师签字：＿＿＿＿＿＿＿＿＿

活动过程教师评价量表

班级		姓名		学号		日期	月　　日	配分	得分
教师评价	劳保用品穿戴	严格按《实习守则》要求穿戴好劳保用品						5	
	平时表现评价	1. 出勤情况 2. 纪律情况 3. 工作态度 4. 任务完成质量 5. 良好的习惯，岗位卫生情况						15	
	综合专业技能水平	基本知识	1. 掌握变速箱输入、输出轴检测内容 2. 熟悉变速箱输入、输出轴的检测方法 3. 检测工量具的使用					20	
		操作技能	1. 能检测变速箱输入、输出轴径向跳动 2. 能检测变速箱输入、输出轴轴向窜动 3. 能对变速箱输出轴齿轮端与导轨的平行度进行检测 4. 能对变速箱输入、输出轴进行调整					30	
	情感态度评价	1. 互动与团队合作 2. 良好的劳动习惯，注重提高自己的动手能力 3 实践动手操作的兴趣、态度、积极性						10	
自评	综合评价	1. 组织纪律性，遵守实习场所纪律及有关规定 2. "7S" 执行情况 3. 专业基础知识与专业操作技能的掌握情况						10	
互评	综合评价	1. 组织纪律性，遵守实习场所纪律及有关规定 2. "7S" 执行情况 3. 专业基础知识与专业操作技能的掌握情况						10	
合计								100	
建议									

学习活动5　工作小结

◇**学习目标**◇

1. 能清晰、合理地撰写总结。
2. 能有效进行工作反馈与经验交流。

◇**学习过程**◇

一、学习准备

任务书、数据的对比分析结果、电脑等。

二、引导问题

1. 请简单写出本次学习任务的最大收获。

2. 写出本次学习任务过程中存在的问题，并提出解决方法。

3. 写出本次学习任务中你认为做得最好的一项或几项内容。

4. 完成工作总结，提出改进意见。

◇知识链接◇

THMDZT-1型机械装调装置的组成与结构

一、THMDZT-1型机械装调装置的组成与结构

1. 技术性能

（1）输入电源：单相三线 AC 220 V ± 10% 50 Hz；

（2）交流减速电机1台：额定功率90 W，减速比1∶25。

（3）外形尺寸（实训台）：1800 mm × 700 mm × 825 mm。

（4）安全保护：具有漏电流保护，安全符合国家相关标准。

2. 外观结构（见图9-3）

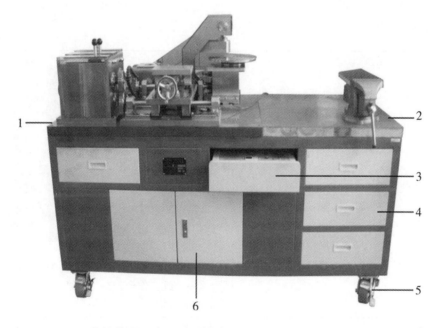

1—机械装调区域；2—钳工操作区域；3—电源控制箱；
4—抽屉；5—万向轮；6—吊柜

图9-3　实训工作台外观结构

（1）机械装调区域：学生可在上面安装和调整各种机械机构。

（2）钳工操作区域：主要由实木台面、橡胶垫等组成，用于钳工基本操作。

（3）电源控制箱（见图9-4）。

图 9-4　电源控制箱面板

①电源总开关：带电流型漏电保护，控制实训装置总电源。

②电源指示灯：当接通装置的工作电源，并且打开电源总开关时，指示灯亮。

③调速器：为交流减速电机提供可调电源。

④复位按钮：当二维工作台运动时，触发限位开关，停止后，由此按钮结合变速箱换挡，使其恢复正常运行。

3. 机械装调对象

THMDZT-1 型机械装调设备的总体构造	 1—交流减速电机；2—变速箱；3—齿轮减速器；4—二维工作台；5—间歇回转工作台；6—自动冲床机构
（1）交流减速电机	功率：90 W；减速比：1：25；为机械系统提供动力源
（2）变速箱	实现变速和换向，具有双轴三级变速输出，其中一轴输出带正反转功能，顶部用有机玻璃防护。主要由箱体、齿轮、花键轴、间隔套、键、角接触轴承、深沟球轴承、卡簧、端盖、手动换挡机构等组成，可完成多级变速箱的装配工艺实训

续表

（3）齿轮减速器 	二级直齿圆柱齿轮减速器，实现降低转速，增大扭矩的功能。主要由直齿圆柱齿轮、角接触轴承、深沟球轴承、支架、轴、端盖、键等组成。可完成齿轮减速器的装配工艺实训
（4）二维工作台 	将旋转运动转换成往复直线运动，上层手动控制（纵向），下层齿轮传动控制（横向）。主要由滚珠丝杆、直线导轨、台面、垫块、轴承、支座、端盖等组成。分上下两层，上层手动控制，下层由变速箱经齿轮传动控制，实现工作台往返运行。工作台面装有行程开关，实现限位保护功能；能完成直线导轨、滚珠丝杆、二维工作台的装配工艺及精度检测实训。
（5）间歇回转工作台 	主要由四槽槽轮机构、蜗轮蜗杆、推力球轴承、角接触轴承、台面、支架等组成。由变速箱经链传动、齿轮传动、蜗轮蜗杆传动及四槽槽轮机构分度后，实现间歇回转功能；能完成蜗轮蜗杆、四槽槽轮、轴承等的装配与调整实训
（6）自动冲床机构 	主要由曲轴、连杆、滑块、支架、轴承等组成，与间歇回转工作台配合，实现压料功能模拟。可完成自动冲床机构的装配工艺实训

二、设备操作注意事项

（1）实训工作台应放置平稳，平时应注意清洁，长时间不用时最好加涂防锈油。

（2）实训时，长头发学生需戴防护帽，不准将长发露出帽外，除专项规定外，不准穿裙子、高跟鞋、拖鞋、风衣、长大衣等。

（3）装置运行调试时，不准戴手套、长围巾等，其他佩戴饰物不得悬露。

（4）实训完毕后，及时关闭各电源开关，整理好实训器件放入规定位置。

三、THMDZT-1型机械装调设备的运行流程（见图9-5）

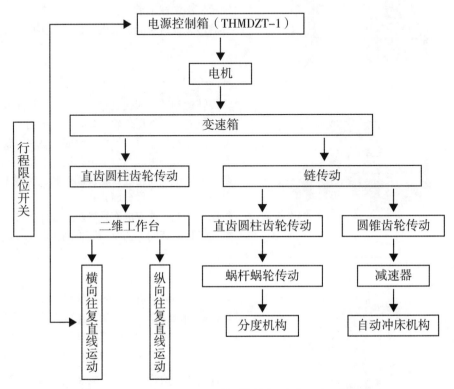

图9-5　THMDZT-1型机械装调设备运行流程图

变速箱的装配与调整

一、工量具准备

序号	名称	型号及规格	数量	备注
1	内六角扳手		1套	
2	橡胶锤		1把	
3	长柄十字		1把	
4	拉马		1个	
5	活动扳手	250 mm	1把	

续表

序号	名称	型号及规格	数量	备注
6	圆螺母扳手	M16.M27 圆螺母扳手	各 1 把	
7	外用卡簧钳	直角、弯角 7 寸	各 1 把	
8	防锈油		若干	
9	紫铜棒		1 根	
10	通芯一字螺丝刀		1 把	
11	零件盒		2 个	

二、变速箱的装配与调整

1. 变速（换向）机构

在输入转速（转向）不变的条件下，使输出轴获得不同转速（转向）的传动装置。

2. 变速箱的结构和组成

变速箱具有两轴三级变速输出，其中一轴带反转功能。

3. 变速箱（THMDZT-1 型）的拆卸

拆卸前先观察，按从外到里，从上到下的原则。图 9-6 为变速箱的拆卸流程。

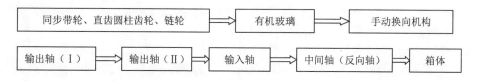

图 9-6　变速箱拆卸流程

4. 变速箱（THMDZT-1 型）的装配

变速箱的装配按箱体装配的方法进行装配，按从下到上的装配原则进行装配。

（1）工作准备	①熟悉图纸和零件清单、装配任务 ②检查文件和零件的完备情况 ③选择合适的工、量具 ④用清洁布清洗零件

续表

（2）变速箱底板和变速箱箱体连接 用内六角螺钉（M8×25）加弹簧垫圈，把变速箱底板和变速箱箱体连接	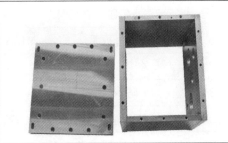
（3）安装固定轴 用冲击套筒把深沟球轴承压装到固定轴一端，固定轴的另一端从变速箱箱体的相应内孔中穿过。把第一个键槽装上键，安装上齿轮，装好齿轮套筒；再把第二个键槽装上键并装上齿轮。装紧两个圆螺母（双螺母锁紧），挤压深沟球轴承的内圈把轴承安装在轴上。最后打上两端的闷盖，闷盖与箱体之间通过测量增加青稞纸，游动端不用测量直接增加 0.3 mm 厚的青稞纸	
（4）主轴的安装 将两个角接触轴承（按背靠背的装配方法）安装在轴上，中间加轴承内、外圈套筒。安装轴承座套和轴承透盖，轴承座套和轴承透盖之间通过测量增加厚度最接近的青稞纸。将轴端挡圈固定在轴上，按顺序安装四个齿轮和齿轮中间的齿轮套筒后，装紧两个圆螺母。轴承座套固定在箱体上，挤压深沟球轴承的内圈，把轴承安装在轴上。装上轴承闷盖，闷盖与箱体之间增加 0.3 mm 厚度的青稞纸，套上轴承内圈预紧套筒。最后通过调整圆螺母来调整两角接触轴承的预紧力	
（5）花键导向轴的安装 把两个角接触轴承（按背靠背的装配方法）安装在轴上，中间加轴承内、外圈套筒。安装轴承座套和轴承透盖。轴承座套与轴承透盖之间通过测量增加厚度最接近的青稞纸。然后安装滑移齿轮组，轴承座套固定在箱体上，挤压轴承的内圈把深沟球轴承安装在轴上。装上轴用弹性挡圈和轴承闷盖，闷盖与箱体之间增加 0.3 mm 厚度的青稞纸。套上轴承内圈预紧套筒。最后通过调整圆螺母来调整两角接触轴承的预紧力	

续表

（6）滑块拨叉的安装 把拨叉安装在滑块上，安装滑块滑动导向轴，装上 φ8 的钢球，放入弹簧，盖上弹簧顶盖，装上滑块拨杆和胶木球。调整两滑块拨杆的左右距离来调整齿轮的错位	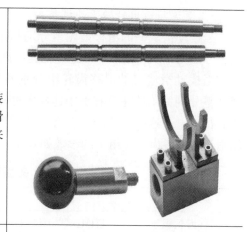
（7）上封盖的安装 把三块有机玻璃固定到变速箱箱体顶端	

装配要求：

（1）能够读懂变速箱的部件装配图（图9-7）。通过装配图，能够清楚零件之间的装配关系，机构的运动原理及功能。理解图纸中的技术要求，基本零件的结构装配方法，轴承、齿轮精度的调整等。

（2）能够规范合理地写出变速箱的装配工艺过程。

（3）轴承的装配。①轴承的清洗（一般用柴油、煤油）；②规范装配，不能盲目敲打（通过钢套，用锤子均匀的敲打）；③根据运动部位要求，加入适量润滑脂。

图 9-7　变速箱

（4）齿轮的装配。齿轮的定位可靠，以承担负载，移动齿轮的灵活性。圆柱啮合齿轮的啮合齿面宽度差不超过 5%（即两个齿轮的错位）。

（5）装配的规范化。①合理的装配顺序；②传动部件主次分明；③运动部件的润滑；④啮合部件间隙的调整。

5. 变速箱输出轴转速的调整

当拨动滑块一的滑移齿轮组分别和输入轴的齿轮啮合时，变速箱输出轴一的转速调整分别为（从左至右）中速、低速、高速。

当拨动滑块二的滑移齿轮组分别和输入轴的齿轮啮合时，变速箱输出轴二的转速调整分别为（从左至右）中速横向移动（右行）、向左方横向移动、低速横向移动（右行）、高速横向移动（右行），即当拨动滑块二的滑移齿轮组分别和输入轴的齿轮啮合时。各齿轮（组）的参数如表9-1所示。

表9-1　各齿轮（组）的参数表

名称	图号	模数	齿数
滑移齿轮组一	THMDZT-1.1J-4	2.5	（A）48、（B）25、（C）35
滑移齿轮组二	THMDZT-1.1J-5	2.5	（A）40、（B）27、（C）17
固定齿轮一	THMDZT-1.1J-6	2.5	20
固定齿轮二	THMDZT-1.1J-7	2.5	43
固定齿轮三	THMDZT-1.1J-8	2.5	33
固定齿轮四	THMDZT-1.1J-9	2	30
固定齿轮五	THMDZT-1.1J-10	2	42

减速器的装配与调整

一、工量具准备

序号	名称	型号及规格	数量	备注
1	内六角扳手		1套	
2	橡胶锤		1把	
3	长柄十字		1把	
4	拉马		1个	
5	活动扳手	250 mm	1把	
6	圆螺母扳手	M16.M27圆螺母扳手	各1把	
7	外用卡簧钳	直角、弯角7寸	各1把	
8	防锈油		若干	
9	紫铜棒		1根	
10	通芯一字螺丝刀		1把	
11	零件盒		2个	

二、减速器的装配与调整

1. 齿轮减速器（THMDZT-1）的传动原理及结构组成

（1）传动原理：动力从圆锥齿（轮轴Ⅰ）输入，经 Z1 和 Z2 啮合，将运动和动力传递到轴Ⅱ，再经 Z3 和 Z4 啮合，将运动和动力传递到轴Ⅲ上；图 6 后加齿轮减速器。齿轮减速器如图 9-8 所示。

（2）结构组成，减速器装配如图 9-9 所示。

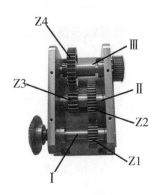

图 9-8　齿轮减速器

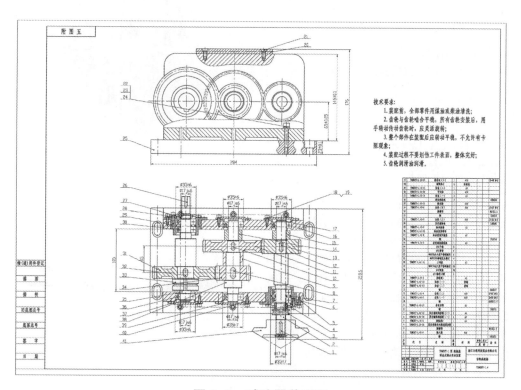

图 9-9　减速器装配图

2. 齿轮减速器的拆卸

拆卸前先观察，然后按从外到里，从上到下，先两边后中间的原则拆卸。图 9-10 为齿轮减速器的拆卸流程。

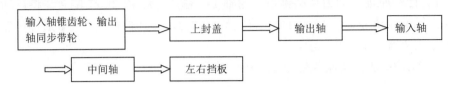

图 9-10　齿轮减速器的拆卸流程

3. 齿轮减速器的装配

（1）工作准备	①熟悉图纸和零件清单、装配任务； ②检查文件和零件的完备情况； ③选择合适的工、量具； ④用清洁布清洗零件。
（2）左右挡板的安装 将左右挡板固定在齿轮减速器底座上	
（3）输入轴的安装 将两个角接触轴承（按背靠背的装配方法）装在输入轴上，轴承中间加轴承内、外圈套筒。安装轴承座套和轴承透盖，轴承座套与轴承透盖通过测量增加厚度最接近的青稞纸。安装好齿轮和轴套后，轴承座套固定在箱体上，挤压深沟球轴承的内圈把轴承安装在轴上。装上轴承闷盖，闷盖与箱体之间增加 0.3 mm 厚度的青稞纸。套上轴承内圈预紧套筒。最后通过调整圆螺母来调整两角接触轴承的预紧力	 输入轴

续表

（4）中间轴的安装 把深沟球轴承压装到固定轴一端，安装两个齿轮和齿轮中间的齿轮套筒及轴套后，挤压深沟球轴承的内圈，把轴承安装在轴上，最后打上两端的闷盖。闷盖与箱体之间通过测量增加青稞纸，游动端不用测量，直接增加 0.3 mm 厚的青稞纸。	
（5）输出轴的安装 将轴承座套套在输入轴上，把两个角接触轴承（按背靠背的装配方法）装在轴上，轴承中间加轴承内、外圈套筒。装上轴承透盖，透盖与轴承套之间通过测量增加厚度最接近的青稞纸。安装好齿轮后，装紧两个圆螺母，挤压深沟球轴承的内圈把轴承安装在轴上。装上轴承闷盖，闷盖与箱体之间增加 0.3 mm 厚度的青稞纸。套上轴承内圈预紧套筒。最后通过调整圆螺母来调整两角接触轴承的预紧力	
（6）上封盖的安装	
（7）齿轮减速器的调整	

间歇回转工作台的装配与调整

一、工量具准备

序号	名称	型号及规格	数量	备注
1	普通游标卡尺	300 mm	1 把	
2	深度游标卡尺		1 把	
3	内六角扳手		1 套	
4	橡胶锤		1 把	
5	垫片		若干	
6	防锈油		若干	
7	紫铜棒		1 根	
8	通芯一字螺丝刀		1 把	
9	零件盒		2 个	

二、间隙回转工作台的装配与调整

1. 间歇回转工作台的结构组成

间歇回转工作台由小锥齿轮轴、锥齿轮、圆柱齿轮、轴承座、轴承透盖、轴承内圈套筒、轴承外圈套筒、轴套、齿轮增速轴、槽轮轴、料盘、推力球轴承限位块、法兰盘、蜗轮轴端用螺母、蜗杆、蜗轮、蜗轮轴、蜗轮轴用轴承座、立板、底板、小锥齿轮用底板、间歇回转工作台用底板、锁止弧、四槽槽轮、拨销、角接触轴承（7000AC、7002AC、7203AC）、深沟球轴承（6002-2RZ）、推力球轴承（51120）、圆锥滚子轴承（30203）及轴用弹性挡圈等组成。如图 9-11 所示。

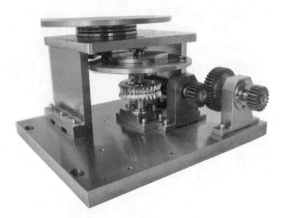

图 9-11　间隙回砖工作台

2. 间歇回转工作台的拆卸

间歇回转工作台的拆卸流程如图 9-12 所示。

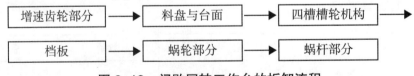

图 9-12　间歇回转工作台的拆卸流程

3. 间歇回转工作台的装配

间歇回转工作台的安装应遵循先局部后整体的安装方法。首先对分立部件进行安装，然后把各个部件进行组合，完成整个工作台的装配。

（1） 工作准备	①熟悉图纸和零件清单、装配任务； ②检查文件和零件的完备情况； ③选择合适的工、量具； ④用清洁布清洗零件

续表

（2）间歇回转工作台蜗杆部分的装配	①用通芯一字螺丝刀将两个蜗杆用轴承及圆锥滚子轴承内圈装在蜗杆的两端（注：圆锥滚子内圈的方向） ②用通芯一字螺丝刀将两个蜗杆用轴承及圆锥滚子轴承外圈分别装在两个轴承座上，并把蜗杆轴轴承端盖和蜗杆轴轴承端盖分别固定在轴承座上（注：圆锥滚子外圈的方向） ③将蜗杆安装在两个轴承座上，并把两个轴承座固定在分度机构用底板上 ④在蜗杆的主动端装入相应键，并用轴端挡圈将小齿轮固定在蜗杆上
（3）锥齿轮部分的装配	①在小锥齿轮轴安装锥齿轮的部位装入相应的键，并将锥齿轮和轴套装入 ②将两个轴承座分别套在小锥齿轮轴的两端，并用通芯一字螺丝刀将四个角接触轴承以两个一组面对面的方式安装在小锥齿轮轴上，然后将轴承装入轴承座（注：中间加间隔环一、间隔环二） ③在小锥齿轮轴的两端分别装入$\varphi15$轴用弹性挡圈，将两个轴承座透盖固定到轴承座上 ④将两个轴承座分别固定在小锥齿轮底板上 ⑤在小锥齿轮轴两端各装入相应键，用轴端挡圈将大齿轮、08B24链轮固定在小锥齿轮轴上
（4）增速齿轮部分的装配	①用通芯一字螺丝刀将两个深沟球轴承装在齿轮增速轴上，并在相应位置装入$\varphi15$轴用弹性挡圈。（注：中间加间隔环一和间隔环二） ②将安装好轴承的齿轮增速轴装入承座一中，并将轴承座透盖二安装在轴承座上 ③在齿轮增速轴两端各装入相应的键，用轴端挡圈将小齿轮一、大齿轮固定在齿轮增速轴上
（5）蜗轮部分的装配	①将蜗轮蜗杆用透盖装在蜗轮轴上，用通芯一字螺丝刀将圆锥滚子轴承内圈装在蜗轮轴上 ②用通芯一字螺丝刀将圆锥滚子的外圈装入轴承座二中，将圆锥滚子轴承装入轴承座二中，并将蜗轮蜗杆用透盖固定在轴承座二上 ③在蜗轮轴上安装蜗轮的部分安装相应的键，并将蜗轮装在蜗轮轴上，然后用圆螺母固定
（6）槽轮部分的装配	①用通芯一字螺丝刀将深沟球轴承安装在槽轮轴上，并装上$\varphi17$轴用弹性挡圈 ②将槽轮轴装入底板中，并把底板轴承盖二固定在底板上 ③在槽轮轴的两端各加入相应的键，分别用轴端挡圈、紧定螺钉将四槽轮和法兰盘固定在槽轮轴上 ④用通芯一字螺丝刀将角接触轴承安装到底板的另一轴装配孔中，并将底板轴承盖一安装到底板上

续表

（7）整个工作台的装配	①将分度机构用底板安装在铸铁平台上 ②通过轴承座二将蜗轮部分安装在分度机构用底板上 ③将蜗杆部分安装在分度机构用底板上，通过调整蜗杆的位置，使蜗轮、蜗杆正常啮合 ④将立架安装在分度机构用底板上 ⑤在蜗轮轴先装上圆螺母再装锁止弧的位置装入相应键，并用圆螺母将锁止弧固定在蜗轮轴上，再装上一个圆螺母上面套上套管 ⑥调节四槽轮的位置，将四槽轮部分安装在支架上，同时使蜗轮轴轴端装入相应位置的轴承孔中，用蜗轮轴端用螺母将蜗轮轴锁紧在深沟球轴承上 ⑦将推力球轴承限位块安装在底板上，并将推力球轴承套在推力球轴承限位块上 ⑧通过法兰盘将料盘固定 ⑨将增速齿轮部分安装在分度机构用底板上，调整增速齿轮部分的位置，使大齿轮和小齿轮二正常啮合 ⑩将锥齿轮部分安装在铸铁平台上，调节小锥齿轮用底板的位置，使小齿轮一和大齿轮正常啮合
（8）间歇回转工作台的检测与调整	①蜗杆两轴承座高度的调整 ②蜗杆轴线与蜗轮轴线垂直度的调整 ③蜗杆轴线与蜗轮轮齿对称中心线的调整 ④蜗杆与蜗轮啮合质量的检测（齿侧间隙和接触精度） ⑤齿轮啮合质量的检测（齿侧间隙和接触精度）

注：具体零件序号参看装配图。

二维工作台的装配与调整

一、工量具准备

序号	名称	型号及规格	数量	备注
1	普通游标卡尺	300 mm	1 把	
2	深度游标卡尺		1 把	
3	杠杆式百分表	0.8 mm 含小磁性表座	1 套	
4	大磁性表座		1 个	
5	塞尺		把 1	
6	内六角扳手		1 套	

续表

序号	名称	型号及规格	数量	备注
7	直角尺		1把	
8	圆螺母扳手	M14.M16圆螺母用	各1把	
9	外用卡簧钳	直角、弯角7寸	各1把	
10	橡胶锤		1把	
11	垫片		若干	
12	防锈油		若干	
13	紫铜棒		1根	
14	通芯一字螺丝刀		1把	
15	零件盒		2个	

二、二维工作台的装配与调整

1. 二维工作台的结构、组成

二维工作台由底板、中滑板、上滑板、直线导轨副、滚珠丝杆副、轴承座、轴承内隔圈、轴承外隔圈、轴承预紧套管、轴承透盖、轴承闷盖、丝杆螺母支座、圆螺母、限位开关、手轮、齿轮、等高垫块、轴端挡片、轴用弹性挡圈、角接触轴承（7202AC）及深沟球轴承（6202）等组成。二维工作台如图9-13所示。

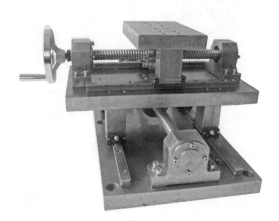

图9-13　二维工作台

2. 传动原理（滚珠螺旋传动）

二维工作台将旋转运动转化为往复直线运动，上层手动控制（纵向），下层齿轮传动控制（横向）。

3. 二维工作台的拆卸

观察思考，从上到下（先拆纵向部分后拆横向部分），合理拆卸。

4. 二维工作台的装配与调整

装配时，从下往上（先装横向部分后装纵向部分）合理装配。

（1）将丝杆螺母支座固定在丝杆的螺母上	
（2）用轴承安装套筒将两个角接触轴承和深沟球轴承安装在丝杆上（注：两角接触轴承之间加内、外轴承隔圈。安装两角接触轴承之前，应先把轴承座透盖装在丝杆上）	
（3）轴承安装完成	
（4）用游标卡尺测量两轴承座的中心高、直线导轨、等高块的高度，进行记录，并计算差值	
（5）将轴承座安装在丝杆上	
（6）将直线导轨放到底板上，用 M4×16 的内六角螺丝预紧，该导轨用深度游标卡尺测量导轨与基准面距离，调整导轨与基准面的距离，使导轨到基准面 A 距离达到图纸要求	
（7）将杠杆式百分表吸在直线导轨的滑块上，百分表的测量头接触在基准面上；沿直线导轨滑动滑块，通过橡胶锤调整导轨，使得导轨与基准面之间的平行度符合要求；将导轨固定	

续表

（8）将另一根导轨装在底板上，先用游标卡尺测量两导轨之间的距离，将两导轨的距离调整到图纸所要求的距离；然后以已安装好的导轨为基准，将杠杆式百分表吸在基准导轨的滑块上，百分表的测量头打在另一根导轨的侧面，沿基准导轨滑动滑块，用橡胶锤调整导轨，使得两导轨平行度符合要求；将导轨固定	
（9）用 M6×30 内六角螺丝，并加与前面测量两轴承座中心高之差相等厚度的调整垫片，将轴承座预紧在底板上	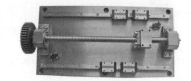
（10）分别将丝杆螺母移动到丝杆两端，用杠杆表测量螺母在丝杆两端的高度，调整所加调整垫片的厚度，使两轴承座的中心高相等	
（11）用游标卡尺分别测量丝杆与两根导轨之间的距离，调整轴承座的位置，使丝杆位于两导轨的中间位置	
（12）分别将丝杆螺母移动到丝杆的两端，杠杆表吸在导轨滑块上，用杠杆表打在丝杆螺母上，测量丝杆与导轨是否平行，用橡胶锤调整轴承座，使丝杆与导轨平行	
（13）将等高块分别放在导轨的滑块上，将中滑板放在等高块上调整滑块的位置，用 M4X70 螺丝将等高块、中滑板固定在导轨滑块上；用塞尺测量丝杆螺母支座与中滑板之间的间隙大小；然后将 M4×70 螺丝旋松，在丝杆螺母支座与中滑板之间加入与测量间隙厚度相等的调整垫片	
（14）用与（1）~（9）相同的方法，将两根导轨安装在中滑板上	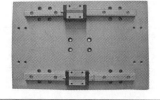

续表

（15）将中滑板上的 M4X70 的螺栓预紧，用大磁性百分表座固定 90° 角尺，使角尺的一边与中滑板侧面的导轨侧面紧贴在一起；将杠杆百分表吸附在底板上的合适位置，百分表触头打在角尺的另一边上，同时将手轮装在丝杆上面；摇动手轮使中滑板左右移动；用橡胶锤轻轻打击中滑板，使中滑板移动时百分表示数不再发生变化，说明上下两层导轨已达到垂直	
（16）用与（1）~（5）相同的方法，装配中滑板上的丝杆	
（17）用与（9）~（12）相同的方法，将中滑板丝杆安装中滑板上	
（18）重复（15）的做法，用上滑板基准将上滑板安装在工作台上，完成整个工作台的安装与调整	

自动冲床机构的装配与调整

一、工量具准备

序号	名称	型号及规格	数量	备注
1	普通游标卡尺	300 mm	1 把	
2	内六角扳手		1 套	
3	橡胶锤		1 把	
4	防锈油		若干	
5	紫铜棒		1 根	
6	通芯一字螺丝刀		1 把	
7	零件盒		1 个	

二、自动冲床机构的装配与调整

1. 自动冲床的结构与组成

图9-14所示为自动冲床的结构与组成。

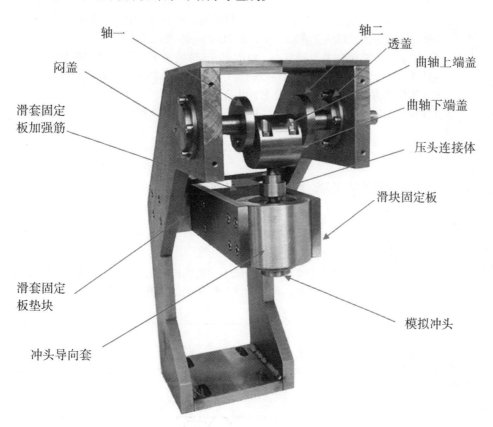

图9-14　自动冲床的结构与组成

2. 自动冲床的拆卸

拆卸步骤与装配步骤相反。

3. 自动冲床机构的装配与调整

（1）工作准备	①读懂图纸并熟悉零件、装配任务 ②检查文件和零件的完备情况 ③选择工、量具 ④将相关零件清洗干净
（2）轴承的装配与调整	首先用轴承套筒将6002轴承装入轴承室中（在轴承室中涂抹少许黄油），转动轴承内圈，轴承应转动灵活，无卡阻现象；观察轴承外圈是否安装到位

续表

（3）曲轴的装配与调整	①安装轴二：将透盖用螺钉打紧，将轴二装好，然后再装好轴承的右传动轴挡套 ②安装曲轴：轴瓦安装在曲轴下端盖的 U 形槽中，然后装好中轴，盖上轴瓦的另一半，将曲轴上端盖装在轴瓦上，将螺钉预紧，用手转动中轴，中轴应转动灵活 ③将已安装好的曲轴固定在轴二上，用 M5 的外六角螺钉预紧 ④安装轴一：将轴一装入轴承中（由内向外安装），将已安装好的曲轴的另一端固定在轴一上，此时可将曲轴两端的螺钉打紧，然后将左传动轴压盖固定在轴一上，最后再将左传动轴的闷盖装上，并将螺钉预紧 ⑤在轴二上装键，固定同步轮，然后转动同步轮，曲轴转动灵活，无卡阻现象
（4）冲压部件的装配与调整	将压头连接体安装在曲轴上
（5）冲压机构导向部件的装配与调整	①首先将滑套固定垫块固定在滑块固定板上，然后再将滑套固定板加强筋固定，安装好冲头导向套，螺钉为预紧状态 ②将冲压机构导向部件安装在自动冲床上，转动同步轮，冲压机构运转灵活，无卡阻现象；最后将螺钉打紧，再转动同步轮，调整到最佳状态，在滑动部分加少许润滑油
（6）自动冲床部件的手动运行与调整	完成上述步骤，将手轮上的手柄拆下，安装在同步轮上，摇动手柄，观察模拟冲头运行状态，多运转几分钟，仔细观察各个部件是否运行正常，正常后加入少许润滑油

机械传动机构的装配与调整

一、工量具准备

序号	名称	型号及规格	数量	备注
1	普通游标卡尺	300 mm	1 把	
2	深度游标卡尺		1 把	
3	杠杆式百分表	0.8 mm 含小磁性表座	1 套	
4	大磁性表座		1 个	
5	塞尺		把 1	
6	内六角扳手		1 套	

续表

序号	名称	型号及规格	数量	备注
7	直角尺		1把	
8	橡胶锤		1把	
9	垫片		若干	
10	防锈油		若干	
11	紫铜棒		1根	
12	通芯一字螺丝刀		1把	
13	零件盒		2个	

二、机械传动机构的装配与调整

1. 调整项目

（1）电机与变速箱之间、减速机与自动冲床之间同步带传动的调整。

（2）变速箱与二维工作台之间直齿圆柱齿轮传动的调整。

（3）减速器与分度转盘机构之间锥齿轮的调整。

（4）链条的安装。

2. 机械传动机构的装配与调整

将变速箱、交流减速电机、二维工作台、齿轮减速器、间歇回转工作台、自动冲床分别放在铸件平台上的相应位置，并将相应底板螺钉装入（螺钉不要打紧）。

（1）变速箱与二维工作台传动的安装与调整	①把二维工作台安装在铸件底板上；通过百分表，调整二维工作台丝杆与变速箱的输出轴 ②通过调整垫片的调整，将变速箱输出和二维工作台输入的两齿轮调整齿轮错位不大于齿轮厚度的 5% 及两齿轮的啮合间隙，用轴端挡圈分别固定在相应轴上 ③打紧底板螺钉，固定底板
（2）变速箱与小锥齿轮部分链传动的安装	①首先用钢板尺，通过调整垫片，调整两链轮端面共面，用轴端挡圈将两链轮固定在相应轴上 ②用截链器将链条截到合适长度 ③移动小锥齿轮底板的前后位置，减小两链轮的中心距，将链条安装上；通过移动小锥齿轮底板的前后位置来调整链条的张紧度
（3）间歇回转工作台与齿轮减速器	①首先调节小锥齿轮部分，使得两直齿圆柱齿轮正常啮合，通过加调整垫片（铜片），调整两直齿圆柱齿轮的错位，调整使错位不大于齿轮厚度的 5% ②调节齿轮减速器的位置，使得两锥齿轮正常啮合，通过加调整垫片（铜片），调整两锥齿轮的齿侧间隙 ③打紧底板螺钉，固定底板

续表

（4）齿轮减速器与自动冲床同步带传动的安装与调节	① 用轴端挡圈分别将同步带轮装在减速机输出端和自动冲床的输入端 ② 通过自动冲床上的腰形孔调节冲床的位置，来减小两带轮的中心距，将同步带装在带轮上 ③ 调节自动冲床的位置，将同步带张紧，用1m的钢直尺测量，通过调整垫片来调整两同步带端面共面，完成减速器与自动冲床同步带传动的安装与调节 ④ 打紧底板螺钉，固定底板
（5）手动试运行	在变速箱的输入同步带轮上安装手柄，转动同步带轮，检查各个传动部件是否运行正常
（6）电机与变速箱同步带传动的安装与调整	① 将同步带轮一固定在电机输出轴上 ② 用轴端挡圈将同步带轮三固定在变速箱的输入轴上 ③ 调节同步带轮一在电机输出轴上的位置，将同步带轮一和同步带轮三调整到同一平面上 ④ 通过电机底座上的腰形孔调节电机的位置，来减小两带轮的中心距，将同步带装在带轮上 ⑤调节电机的前后位置，将同步带张紧，完成电机与变速箱带传动的安装与调整 ⑥打紧底板螺钉，固定底板

参考文献

［1］赵孔祥，王宏.《钳工工艺与技能训练》［M］.北京：中国劳动社会保障出版社.

［2］果连成.《机械制图（第七版）》［M］.北京：中国劳动社会保障出版社.